LA RÉGLEMENTATION

DES CHEMINS DE FER D'INTÉRÊT LOCAL

ET DES TRAMWAYS

*Ouvrage complétant le livre publié en 1900
et traitant de la jurisprudence administrative des concessions
d'après les lois, décrets et circulaires ministérielles
qui ont paru dans ces dernières années*

ENCYCLOPÉDIE
DES
TRAVAUX PUBLICS
Fondée par **M.-C. LECHALAS**, Inspecteur général des Ponts et Chaussées

LA RÉGLEMENTATION

DES

CHEMINS DE FER D'INTÉRÊT LOCAL
ET DES TRAMWAYS

*Ouvrage complétant le livre publié en 1900
et traitant de la jurisprudence administrative des concessions
d'après les lois, décrets et circulaires ministérielles
qui ont paru dans ces dernières années*

PAR

A. DONIOL
INSPECTEUR GÉNÉRAL DES PONTS ET CHAUSSÉES EN RETRAITE

PARIS

LIBRAIRIE POLYTECHNIQUE, CH. BÉRANGER, ÉDITEUR
Successeur de BAUDRY & Cⁱᵉ
15, RUE DES SAINTS-PÈRES, 15
Même Maison à Liège, rue de la Régence, 21

1903

AVANT-PROPOS

J'ai publié en 1900 un ouvrage sur la réglementation des chemins de fer d'intérêt local, des tramways et des automobiles ; les annexes de ce livre renferment les lois, décrets, arrêtés, circulaires ministérielles et autres documents relatifs à ces moyens de transport, qui ont paru antérieurement au 15 février 1900.

L'ordonnance du 15 novembre 1846 a été remplacée par le décret du 1er mars 1901, qui réglemente la police et l'exploitation des chemins de fer d'intérêt général et d'intérêt local ; l'article 78 de ce dernier décret porte qu'il ne sera pas applicable aux tramways, qui resteront soumis aux règlements d'administration publique pris en exécution de la loi du 11 juin 1880. Plusieurs autres dispositions ont été changées ou précisées depuis le 15 février 1900 ; la réglementation ayant ainsi subi des modifications importantes dans ces dernières années, il a paru utile de compléter la collection des annexes de mon livre de 1900, en y ajoutant les documents officiels les plus récents (1).

Je profite de l'impression de ce complément d'annexes pour publier diverses observations : 1° sur la rédaction des cahiers des charges des chemins de fer d'intérêt local et des tramways ; 2° sur les demandes d'indemnité pouvant être formulées par un concession-

---

(1) La réglementation des automobiles fera l'objet d'une brochure spéciale.

naire en cas de rachat avant l'expiration des quinze premières années d'exploitation ; 3° sur les clauses financières des concessions de chemins de fer d'intérêt local et de tramways.

Il arrive souvent qu'on ne dispose que d'un temps très court pour préparer ou vérifier la rédaction de diverses clauses d'un cahier des charges, en cours de session du Conseil général du département. Pour faciliter les recherches, j'ai indiqué, en suivant l'ordre de numérotage des articles, les modifications à la rédaction du cahier des charges type qui pourraient être adoptées, si les circonstances justifiaient ces dérogations qui doivent être (articles 2 et 30 de la loi du 11 juin 1880) signalées dans le traité de concession ou de rétrocession. Pour ce travail, je ne me suis pas borné à résumer sommairement les observations disséminées dans le texte de l'ouvrage que j'ai publié en 1900 ; j'y ai ajouté plusieurs propositions dont l'expérience a montré, dans certains cas, l'utilité pour l'établissement et la bonne exploitation des chemins de fer d'intérêt local ou des tramways et j'ai indiqué les dates des lois ou décrets ayant approuvé les conventions où se trouvent les dérogations citées, afin que le lecteur puisse au besoin se reporter au texte complet de ces conventions

On trouvera ci-après, aux annexes, treize documents officiels concernant la réglementation des chemins de fer d'intérêt local et des tramways.

I. — Indication de divers articles pour lesquels la rédaction du cahier des charges type des chemins de fer d'intérêt local pourrait, dans certains cas, être modifiée.

Article 2. — On y admet que c'est à partir de la date de la loi déclarative d'utilité publique que sera fixé le délai dans lequel les travaux de la ligne doivent être exécutés. Or le concessionnaire ne peut commencer aucun travail avant l'approbation du projet d'ensemble qu'il est tenu de présenter et cette approbation peut être retardée par des circonstances indépendantes de sa volonté ; l'accomplissement des formalités légales peut retarder la livraison de certains terrains donnés à titre de subvention par le département ou la commune. Ces observations conduisent à indiquer (1) la rédaction suivante, qui a été adoptée dans plusieurs cas.

Les travaux devront être commencés dans un délai de   mois à partir de l'approbation du projet d'ensemble ; ils devront être poursuivis et terminés de telle façon que la ligne (ou les lignes, ou la section de   à   , la section de   à   ) soit livrée (ou soient livrées) à l'exploitation dans un délai de   à partir de l'arrêté préfectoral de cessibilité des terrains (2).

(1) Les modifications indiquées pour la rédaction du cahier des charges sont imprimées en italiques.

(2) Voir ce qui est dit ci-après, au sujet de l'article 3 du cahier des charges des tramways. — Voir également l'article 2 du cahier des charges des chemins de fer des Côtes-du-Nord (Loi du 21 mars 1900).

Article 3. — Si les travaux doivent être exécutés par le département, pour être remis à un exploitant, dire que les projets seront communiqués à ce dernier, avant toute approbation, pour qu'il puisse fournir ses observations.

Article 6. — Pour divers chemins de fer d'intérêt local, on n'a inséré que le premier alinéa de cet article et on n'a pas prévu au cahier des charges l'éventualité de la pose d'une deuxième voie.

Articles 7 à 21. — Si c'est le département qui doit faire exécuter l'infrastructure, il est clair qu'on devra dire que c'est le *département* et non le concessionnaire qui aura à établir les fossés pour l'assèchement de la voie, à acheter et à payer les terrains, etc. On pourra au besoin se référer aux cahiers des charges approuvés pour des lignes dont l'infrastructure doit être faite par le département, tels que celui du chemin de fer de Villefranche à Tarare (loi du 24 juin 1896), ou celui des chemins de fer des Côtes-du-Nord (loi du 21 mars 1900).

Article 9. — Pour des lignes à faible trafic, ne devant être parcourues que par un très petit nombre de trains et à petite vitesse, la faculté de faire des arrêts en pleine voie est de nature à faciliter l'exploitation des bois ou des carrières, les chargements de betteraves et autres produits agricoles. On pourrait donc examiner, en rédigeant le cahier des charges de certains chemins de fer d'intérêt local, s'il convient d'introduire à l'article 9 l'alinéa qui a été ajouté par le décret du 13 février 1900 à l'article 33 du règlement régissant les voies ferrées sur les voies publiques et qui est ainsi libellé :

Le Préfet peut autoriser sur la demande du concessionnaire et sur la proposition du service du contrôle, l'arrêt

*de certains trains pendant le temps déterminé par l'ho-
raire, pour prendre ou laisser des voyageurs ou des marchandises sur des points de la voie ferrée situés en dehors
des gares, stations ou haltes. Cette autorisation ne peut
être donnée qu'à titre précaire et révocable.*

On régulariserait ainsi ce qui se fait depuis longtemps sur diverses lignes.

Il est clair qu'on aurait à prendre, le cas échéant,
les mesures nécessaires pour assurer la sécurité. Le
décret du 1er mars 1901 a ajouté à l'article 28 du règlement sur la police et l'exploitation des chemins de fer
un alinéa portant que les voies affectées à la circulation
des trains devront être couvertes par des signaux, dans
les cas où il y aura nécessité d'y faire stationner momentanément des machines, des voitures ou des wagons.

Articles 11 et 12. — Le type indique des largeurs
minima pour les viaducs lorsque le chemin de fer devra passer au-dessus des voies de communication ; mais
il arrive, surtout en pays de montagne, que les largeurs effectives de ces voies soient inférieures à ces
minima. Afin d'éviter des dépenses inutiles pour la
construction du chemin de fer, on pourrait ajouter les
mots : *sans toutefois dépasser la largeur de la route ou
du chemin aux abords, si ces voies sont ouvertes et non en
lacune.*

Les chiffres prescrits par la note (2) de l'article 11,
pour la largeur minimum entre les parapets, sont
basés sur le gabarit maximum correspondant à la largeur de la voie ferrée. Mais on est certain que ce gabarit maximum ne sera pas employé sur un chemin de
fer d'intérêt local établi en partie sur plate-forme indé-
pendante et en partie sur des voies publiques, où le

gabarit est limité par l'insuffisance de largeur des rues. S'il n'y a pas lieu de prévoir le raccordement du chemin de fer projeté avec d'autres lignes ayant même largeur de voie, mais faisant usage de gabarits plus larges,on pourra stipuler que la largeur entre parapets à inscrire, comme minimum dans le cahier des charges de la concession, sera calculée de manière à ce qu'il y ait *un intervalle d'au moins 0 m. 70 entre la face intérieure des parapets ou garde-corps et les parties les plus saillantes du matériel roulant, d'après la largeur maximum fixée dans le deuxième paragraphe de l'article 7 du cahier des charges.* On pourrait ainsi réaliser une économie importante, en diminuant notablement la largeur des viaducs et autres ouvrages d'art.

Souvent on diminuera la dépense de construction, en remplaçant les parapets par des garde-corps sur les ouvrages d'art, ainsi que sur les murs de soutènement. On pourrait donc ajouter, à la suite des mots « entre parapets », les mots *ou garde-corps,* même dans le cas où on fixe les largeurs entre parapets suivant les indications du cahier des charges type.

Article 13. — Il arrive souvent, surtout en pays de montagne, qu'on ne puisse réaliser le quasi-palier prescrit de part et d'autre de chaque passage à niveau, par le dernier alinéa de cet article que moyennant des dépenses excessives et s'appliquant à des chemins peu fréquentés. On propose pour ce dernier alinéa la rédaction suivante : *Lorsque les routes et chemins présentent une pente vers le chemin de fer, leur déclinité sera réduite à 20 millimètres au plus par mètre, sur 10 mètres de longueur.* En effet, le quasi-palier est beaucoup moins utile pour la sécurité des voitures, quand elles ne peuvent arriver auprès du passage à niveau qu'en gravissant une montée.

Article 16. — En ce qui concerne les souterrains, on peut généralement admettre que pour les lignes auxquelles ne s'applique pas la traction électrique, la hauteur sous clef sera d'au moins 6 mètres, sur les lignes de 1 m. 44 et 1 m. de largeur de voie, pour les sections à double voie, et d'au moins 5 mètres pour les sections à voie unique ; que le minimum de distance verticale à ménager entre l'intrados et le dessus des rails, dans une largeur égale à celle qui est occupée par le matériel roulant, sera de 4 m. 70 pour la voie normale et de 4 m. 30 pour les voies d'un mètre.

Article 17. — Lorsque le chemin de fer doit, sur divers points, emprunter le sol des voies publiques, on ajoute des articles 17 *bis*, 17 *ter* et 17 *quater*, rédigés d'après les articles 6, 7 et 8 du cahier des charges type des tramways.

Article 20. — Cet article impose au concessionnaire l'obligation de fournir des justifications spéciales pour être dispensé de poser des clôtures dans les parties contiguës à des chemins publics et sur 10 mètres de longueur au moins de chaque côté des passages à niveau. On pourrait modifier cette définition de la manière suivante : dans les parties contiguës à des chemins publics *non pourvus de banquettes de sûreté* et sur 10 mètres de longueur au moins de chaque côté des passages à niveau *gardés*.

L'emploi des barrières est exceptionnel sur les lignes d'intérêt local. Aussi, l'article 20 a été supprimé dans le cahier des charges, annexé à la loi du 9 janvier 1899 pour le chemin de fer d'intérêt local de Gray à Dôle par Pesmes.

Dans la convention jointe au décret du 22 décembre 1900, pour la concession du réseau de tramways de la Charente-Inférieure, ainsi que dans d'autres conventions approuvées, il est dit que *si le département jugeait nécessaire de poser des clôtures en dehors des stations et haltes, il en supporterait les frais.*

Article 28. — Le type oblige le concessionnaire à faire le bornage contradictoirement avec chaque propriétaire riverain, ce qui entraîne des délais et des frais pour une opération dont le seul objet est de délimiter l'emprise du chemin de fer dans les propriétés traversées et non pas de délimiter ces dernières entre elles. On éviterait ces inconvénients en adoptant la rédaction suivante pour la première phrase de l'article 28 :

Immédiatement après l'achèvement des travaux et au plus tard un an après la mise en exploitation de chaque ligne ou de chaque section, le concessionnaire fera faire à ses frais un bornage du chemin de fer en présence du préfet ou de son représentant. Aussitôt après que ce travail aura été accepté par l'administration départementale, le concessionnaire fera appeler les propriétaires des terrains traversés en vérification de ce bornage.

Article 31. — Le quatrième alinéa de cet article prescrit de fermer à glace l'étage inférieur des voitures. On pourrait stipuler dans le cahier des charges que *le préfet pourra autoriser, pendant la belle saison, l'emploi de voitures à voyageurs couvertes, mais non fermées latéralement.* On aurait ainsi un matériel plus léger pour les trains à faible vitesse, tels que ceux des stations balnéaires ; les voitures ouvertes sont très appréciées par les voyageurs pendant l'été.

Article 32. — Pour faciliter l'établissement de chemins de fer ne pouvant compter sur une clientèle nombreuse que pendant une partie de l'année, on pourrait insérer la stipulation suivante :

Ce nombre de trains pourra être réduit, à titre révocable, sur la demande du concessionnaire et l'avis du service du contrôle, par l'autorité compétente pour statuer sur les projets d'exécution.

Dans la convention annexée au décret précité du 22 décembre 1900 (tramways de la Charente-Inférieure), il est dit que le concessionnaire fera par jour et dans chaque sens, sur l'ensemble du réseau, trois trains pour une recette brute kilométrique, impôts déduits, inférieure à 5.000 francs, quatre trains pour une recette brute comprise entre 5.000 et 6.500 francs et ainsi de suite à raison d'un train pour chaque augmentation de recettes de 1.500 francs. On stipule habituellement pour une augmentation déterminée de la recette brute d'un chemin de fer d'intérêt local ou d'un tramway, la création d'un train de plus de bout en bout. Je ferai observer que sur les lignes d'une assez grande longueur, desservant des régions où la densité de la population varie beaucoup, il peut être plus utile pour le public et plus avantageux pour le concessionnaire de remplacer la création d'un train de plus de bout en bout par celle d'un nombre équivalent de trains sur les sections les plus fréquentées ; ce système conduit à la rédaction suivante :

Lorsque la recette brute moyenne de la ligne entière, par kilomètre et par an, impôts déduits, dépassera... fr., il sera fait en plus du nombre minimum de trains fixé ci-dessus et sur les sections à déterminer par le préfet, le concessionnaire entendu, un nombre de trains correspondant à un parcours annuel de .... kilomètres. Ce nom-

bre de kilomètres qui comprendra au besoin des trains ouvriers, serait donné par la formule :

$$l \times 2 \times 365 \text{ jours} = 730\, l$$

en désignant par l la longueur de la ligne entière. Cette clause se trouve dans l'avenant concernant la ligne du Portel à Boulogne-sur-Mer et approuvé par le décret du 28 mai 1902.

Article 33. — Si on prévoit l'éventualité de l'emploi de la traction électrique. on pourra ajouter à l'art. 33 l'alinéa suivant :

S'il est fait usage de l'énergie électrique pour la traction, l'étude et l'exécution des projets, ainsi que l'exploitation, seront soumises à l'accomplissement de toutes les formalités et à toutes les conditions prescrites par les lois, décrets et règlements concernant les installations de ce genre.

Article 34. — Durée de la concession. — La circulaire ministérielle du 12 août 1902, reproduite aux annexes, porte que désormais les subventions qui seraient accordées par le Trésor ne dépasseraient pas une durée de 65 ans.

Article 35. — Voir ci-après les deux premiers alinéas des observations concernant l'article 17 des tramways.

Article 41. — Le nombre des voyageurs de tramways, payant le plein tarif de la première classe étant très faible sur les lignes secondaires, il conviendra de réduire à deux le nombre des classes de voyageurs, afin de simplifier l'exploitation et de la rendre moins onéreuse.

La concession provisoire accordée par le Conseil général de Seine-et-Oise, en session d'avril 1903, pour tout un réseau, comporte l'engagement de réduire les tarifs de 10 0/0 pour le transport des matériaux destinés à l'entretien des routes et chemins, et en outre, d'accorder sur l'ensemble des tarifs une réduction de 5 0/0 quand la recette kilométrique du réseau atteindra 4.500 francs et une nouvelle réduction de 1 0/0 par chaque mille francs de recettes en sus, avec limite de la réduction totale à 20 0/0.

Dans le cas, beaucoup plus fréquent pour un tramway urbain que pour les autres lignes d'intérêt local, où on jugerait utile de prévoir des trains ouvriers, on pourrait ajouter les dispositions suivantes :

Le concessionnaire pourra organiser, les dimanches et jours de fêtes légales exceptés, un service matinal à prix réduit, qui comportera au plus ... trains, pour des sections à déterminer par le préfet, sur la proposition du concessionnaire. Le dernier départ de ce service matinal aura lieu du terminus, au plus tard à..... heures du matin (1).

Les voyageurs profitant de ces trains, dits trains ouvriers, paieront le tarif de la dernière classe, ce qui leur donnera droit à un billet (2) de retour leur permettant de reprendre, dans l'autre sens, un des trains du soir, entre quatre et huit heures, moyennant un supplément représentant... du prix du billet de cette dernière classe.

Ce service de trains ouvriers ne serait organisé que sur la proposition du concessionnaire et pour un petit nombre de kilomètres. Il n'y aura lieu de le prévoir que pour une ligne devant desservir une banlieue habitée par une population industrielle très nom-

(1) Par exemple : 8 heures du matin.
(2) Voir au sujet de cette clause, au *Journal Officiel* du 14 février 1903, les conventions provisoires passées avec les tramways de la rive gauche de Paris et avec l'Ouest parisien.

breuse La création de trains ouvriers serait peu justifiée pour des chemins de fer d'intérêt local ou tramways départementaux ne comportant qu'un service d'environ trois trains par jour.

Le service des billets d'aller et retour peut être prévu à l'article 41.

Article 42. — Il résulte des articles 16, 23 et 77 de l'ordonnance de 1846, modifiée par le décret du 1er mars 1901, que tout train ordinaire de voyageurs devra contenir, en nombre suffisant, des voitures de chaque classe, à moins d'une autorisation spéciale du préfet, et que chaque voiture de voyageurs devra contenir un signal d'alarme, sauf les exceptions déterminées par le préfet. Cette réglementation est donc susceptible d'exceptions et il est utile pour le concessionnaire qu'elles soient stipulées à l'avance. Pour des chemins de fer d'intérêt local dont le trafic présumé est si faible que l'exploitant ne pourra probablement disposer que d'un matériel roulant très restreint, on pourrait dire :

Le concessionnaire sera tenu d'admettre dans chaque train autant de voyageurs qu'en comportera le nombre maximum des voitures autorisé par le Préfet. Le concessionnaire sera dispensé d'établir un signal d'alarme, dans chaque voiture.

Article 51. — Cet article qui concerne le factage et le camionnage pourrait être biffé pour des chemins de fer à trafic très faible. Pour certaines concessions, on a remplacé le chiffre de 5.000 habitants par celui de trois mille.

Article 56. — On pourrait, dans l'intérêt du public, ajouter à cet article un alinéa portant que *le concessionnaire pourra être tenu de coopérer au service des colis pos-*

taux, suivant un accord à intervenir avec la compagnie de chemins de fer avec laquelle ces colis pourront être échangés. Dans le cas où cet accord ne pourrait pas être réalisé, les difficultés relatives à la transmission des colis postaux seraient soumises au Ministre des Postes, qui statuerait.

Article 57. — Il serait utile d'ajouter les mots « ou téléphonique » pour désigner la nature des appareils électriques, destinés à transmettre les signaux.

Article 61. — J'indique, pour plusieurs alinéas de cet article, régissant les embranchements industriels, quelques modifications de rédaction, dont les motifs sont développés aux pages 157 à 160 du livre que j'ai publié en 1900 sur la réglementation des chemins de fer d'intérêt local, des tramways et des automobiles. D'après ces propositions, le dixième et le onzième alinéas de l'article 61 seraient rédigés comme il suit :

« Le temps pendant lequel les wagons séjournent sur les embranchements particuliers ne peut excéder six heures lorsque l'embranchement n'a pas plus d'un kilomètre. Ce temps est augmenté *d'un quart d'heure* par kilomètre en sus du premier, non compris les heures de la nuit *pendant lesquelles la gare est fermée conformément aux arrêtés en vigueur. Les délais sont doublés lorsque le wagon envoyé chargé sur un embranchement est rendu chargé.* »

« Dans le cas où les limites de temps seraient dépassées, le concessionnaire pourra exiger une indemnité par wagon de..... *Le concessionnaire peut exiger la tenue contradictoire d'un état indiquant l'heure à laquelle chaque wagon a été mis à la disposition de l'embranché et l'heure à laquelle chaque wagon a été remis à la disposition du concessionnaire ; la tenue contradictoire de cet état d'entrée et de sortie fera courir l'indemnité, le cas échéant, sans mise en demeure et sans avertissement spécial* ».

Pour certaines lignes, on a rédigé le douzième alinéa, en stipulant que *les traitements des gardiens d'aiguilles et des barrières des embranchements autorisés par le Préfet seront à la charge des propriétaires des embranchements ; que ces gardiens seront nommés et payés par le concessionnaire et que les frais qui en résulteront lui seront remboursés par lesdits propriétaires.*

Enfin, le dernier alinéa de l'article 61 pourrait être formulé de la manière suivante :

Les wagons seront pesés par les soins et aux frais du concessionnaire, à une station quelconque de sa ligne, en supprimant les mots : « à la station d'arrivée », parce que cette station peut ne pas être munie d'appareils assez puissants pour peser des wagons complets ou des masses très lourdes.

Article 64 bis. — Pour les questions concernant l'organisation d'un service médical et d'un service d'assurances contre les accidents, ainsi que pour les conditions du travail, je me réfère aux observations présentées ci-après à ce sujet pour les articles 37 *bis* et 37 *ter* du cahier des charges des tramways.

Articles 66 et 67. — En cas de concession d'un chemin de fer d'intérêt local à une commune qui le rétrocède, les dispositions relatives au cautionnement et à l'élection de domicile doivent être insérées dans le traité de rétrocession, et non dans le cahier des charges dont les prescriptions s'appliquent au concessionnaire. Il est clair qu'on ne saurait imposer à une commune l'obligation de faire élection de domicile.

II. — Indication de divers articles pour lesquels la rédaction du cahier des charges type des tramways pourrait, dans certains cas, être modifiée.

Article 1ᵉʳ. — Pour les tramways électriques, devant emprunter le sol des rues importantes, il est bon que le concessionnaire sache à l'avance, au moyen d'une stipulation inscrite au cahier des charges, si l'emploi des conducteurs électriques aériens (qui constituent pour le premier établissement, le système le plus économique) sera admis sur toute la ligne ou si, au contraire, il ne sera admis que sauf pour « la traversée de régions déterminées ».

Article 2. — Cet article devra indiquer, s'il y a lieu, les tramways que la ligne projetée aurait à emprunter.

Article 3. — Pour les délais d'exécution, voir ce qui a été dit ci-dessus au sujet de l'article 2 du cahier des charges pour chemins de fer d'intérêt local. Je donne, à titre de renseignement, la rédaction adoptée pour l'article des tramways de la Charente-Inférieure (décret du 22 décembre 1900) :

Les projets d'exécution seront présentés dans un délai de six mois à partir de la date du décret déclaratif d'utilité publique. Les plans parcellaires devront être présentés dans un délai de quatre mois à partir de l'approbation des projets d'exécution. Les travaux devront être commencés dans un délai de trois mois à dater de la mise à l'enquête des plans parcellaires. Ils seront poursuivis de telle façon que tout le réseau soit livré à l'exploitation dans un délai de deux ans et demi à dater du commencement de l'exécution des travaux.

Dans le cas où l'infrastructure doit être faite par le département et la superstructure par le concessionnaire, comme pour la ligne de Villefranche à Tarare (loi du 24 juin 1896), on peut dire : *Les travaux de la superstructure devront être commencés dans un délai de deux mois après la livraison de l'infrastructure au concessionnaire et poursuivis de telle façon que les lignes ou sections soient livrées à l'exploitation..... (1) après.*

Article 5. — Si le tramway projeté ne doit renfermer aucune déviation, on pourra, pour les déclivités, se borner à dire qu'elles seront celles des voies publiques empruntées.

Article 7. — On a admis, pour les tramways de la Charente-Inférieure, l'addition à l'avant-dernier alinéa de cet article, de la disposition suivante : *Toutefois le préfet pourra, sur l'avis du service du contrôle, autoriser la réduction de la largeur de cet intervalle au-dessous de 0 m. 75, pourvu que la distance entre la saillie extrême du matériel et la limite de la propriété riveraine soit au moins de 1 m. 40.*

Pour le cas prévu à la page 287 du livre que j'ai publié en 1900 sur la réglementation des tramways (voie publique ayant 5 mètres pour la chaussée et 1 m. 50 pour chaque accotement) on pourra, au besoin, ajouter à l'article 7 une stipulation analogue à la suivante : *La chaussée d'empierrement sera élargie ou déplacée par le concessionnaire de manière que sa largeur utile ne soit pas inférieure à ..... et que son axe coïncide*

---

(1) Par exemple : un an.

avec l'axe nouveau de la plate-forme réservée à la circulation ordinaire.

On pourrait, en outre, ajouter après le premier alinéa de l'article 7, la disposition suivante :

Le préfet pourra, le concessionnaire entendu, exiger que les rails soient posés au niveau du sol, sans saillie ni dépression, suivant le profil normal de la voie publique, à la traversée des routes et chemins publics existants, ainsi qu'à la traversée des chemins particuliers et des voies charretières qui existeront lors de la construction de la voie ferrée.

Article 8. — La rédaction à adopter, en cas d'insuffisance de largeur de certaines parties des traverses, varie suivant les circonstances locales. On peut stipuler que la largeur des trottoirs ne sera que de ..... devant les maisons ...... tant que la rue ne sera pas élargie par voie d'alignement devant ces maisons. Pour le tramway autorisé par le décret du 19 août 1894, on a admis la disposition suivante :

Toutefois, par dérogation aux dispositions du présent article, les intervalles à réserver pour les trottoirs dans la traverse . .... de pourront avoir les largeurs réduites, inférieures à 1 m. 10, qui sont cotées sur le plan soumis à l'enquête.

Article 8 bis. — Quand le tramway projeté comporte l'établissement de déviations en dehors des routes et chemins publics, on ajoute, en s'inspirant des prescriptions du cahier des charges type des chemins de fer d'intérêt local, un article 8 *bis* déterminant les principales dimensions et conditions à observer pour la construction de ces déviations.

Article 9. — On pourrait ajouter au premier alinéa de cet article, les mots : *sans toutefois que ces fournitu-*

*res puissent, en aucun cas, s'élever à plus du .... (1)
de la quantité de chaque nature de matériaux entrant dans
la composition de la chaussée.*

Dans le cas où il y a lieu de prévoir l'exécution des
travaux intéressant la chaussée par les soins et sous la
direction du département ou des communes, alors
même que la construction de la ligne est confiée au
concessionnaire, il y aurait lieu d'insérer des stipulations analogues à celles qui sont transcrites ci-après :

*Les travaux de démolition des chaussées de fondation
en béton, s'il y a lieu, le pavage des chaussées et tous les
travaux touchant à la voie publique, pourront être exécutés par..... s'il le demande. Le concessionnaire aura à
sa charge les dépenses correspondantes réellement effectuées, avec une majoration pour frais généraux, qui ne
pourra, en aucun cas dépasser 5 0/0. Si le concessionnaire
le demande, les travaux ainsi exécutés pour son compte
devront faire l'objet d'une adjudication spéciale.*

Il arrive assez fréquemment que l'entretien de la
portion de chaussée mis à la charge du concessionnaire
soit fait par l'administration qui régit la voie publique
empruntée, moyennant le paiement par le concessionnaire d'une annuité dont le montant est fixé à forfait,
à la suite d'un accord.

Article 10. — On pourrait stipuler que *l'administration aura le droit d'exiger le drainage des aiguillages,
ainsi que des points bas.*

Il est dit à l'article 10 du cahier des charges des
tramways de la Charente-Inférieure : *Le contre-rail ne
sera exigé qu'exceptionnellement ; il ne sera pas exigé
dans les traverses des villes et des villages, ni aux passages
à niveau.*

(1) Par exemple : un dixième.

Afin de rendre le marché moins aléatoire, il conviendrait que les cas où l'emploi du contrerail pourra être exigé fussent définis d'une manière nette et précise dans le cahier des charges, sauf à ajouter que si des contre-rails sont reconnus nécessaires sur d'autres points, ils seront fournis et posés aux frais du département ou de la commune et entretenus par le concessionnaire ou rétrocessionnaire.

Article 11. — On peut signaler les additions suivantes : *Le nombre et l'emplacement des points d'arrêt seront fixés dans un délai maximum d'un an après la mise en exploitation de la ligne.*

La forme et les dimensions des bureaux (1) d'attente de correspondance et de contrôle seront arrrêtées par le préfet sur la proposition du concessionnaire. Les bureaux à élever soit sur le terrain militaire, soit dans la zone des servitudes militaires, se réduiront à des baraques mobiles et sans maçonnerie. Si pendant l'exploitation, l'établissement sur la voie publique de nouveaux bureaux d'attente est reconnu nécessaire, d'accord avec le concessionnaire, l'emplacement en sera arrêté par le préfet, le concessionnaire entendu.

En vue de faciliter le transbordement dans les gares communes, notamment pour le cas où les réseaux n'ont pas la même largeur de voie et par application de la circulaire ministérielle du 12 janvier 1888, on ajoute la clause suivante, sauf à en abréger la rédaction pour les tramways ne devant pas faire de service de marchandises :

Le concessionnaire se conformera aux mesures qui pourront lui être prescrites par l'administration, en vue d'éta-

---

(1) Cet alinéa concerne les tramways urbains.

blir des moyens de transbordement commodes pour les bagages des voyageurs et pour les marchandises, dans tou tes les gares de raccoi dement avec une autre voie ferrée de manière à éviter autant que possible un parcours trop long aux voyageurs et aux marchandises devant passer d'une gare à l'autre.

Il a été stipulé pour certains tramways (Charente-Inférieure, décret du 22 décembre 1900) que les stations et haltes seront construites économiquement et suivant des dispositions analogues à celles des tramways existant dans la région, étant entendu que dans chaque station, il y aura au moins un abri pour les voyageurs.

Article 12. — Additions indiquées pour cet article : *Dans le cas où sur la voie publique empruntée, après la construction de la ligne par le concessionnaire, le service intéressé viendrait à modifier soit la nature, soit la qualité du revêtement de la voie empruntée, il ne pourra en résulter aucune aggravation de charges pour le concessionnaire.*

Sur les sections où la voie ferrée n'est pas accessible aux voitures ordinaires, l'entretien du revêtement des accotements aménagés spécialement pour l'établissement des voies ferrées sera à la charge du concessionnaire.

Article 13. — En cas de réfection des parties de la voie publique atteintes par les travaux de la voie ferrée, cet article du cahier des charges type met l'entretien à la charge du concessionnaire pendant une année à dater de la réception provisoire des travaux. Comme il s'agit ici de terrassements et de chaussées, et non d'ouvrages d'art, on pourrait demander que la durée de cet entretien soit réduite à *six mois* à dater de la réception provisoire des travaux, étant entendu que cette clause d'entretien des travaux ne s'applique qu'au cas où ils ont été exécutés par le concessionnaire.

Il serait peut-être utile de prévoir, au moyen d'un article 13 bis, le cas où l'autorité compétente ferait faire ultérieurement des travaux intéressant les voies publiques empruntées par la ligne concédée :

Article 13 bis. — L'autorité régissant les voies publiques empruntées conserve le droit de faire exécuter ou d'autoriser à toute époque, sur ou sous le sol des voies publiques empruntées les travaux qu'elle juge utiles. Les dispositions temporaires ou définitives qu'il y aurait lieu de prendre, pendant la durée de la concession, en vue de permettre et faciliter l'exécution de ces travaux ou celle des déviations que la modification des voies publiques nécessiterait pour la voie ferrée, seront régies conformément aux dispositions de l'article 42 du règlement d'administration publique du 6 août 1881, modifié par le décret du 13 février 1900.

Article 14. — Je me réfère à ce qui a été dit ci-dessus : 1° pour le nombre minimum des voyages, au sujet de l'article 32 du cahier des charges des chemins de fer d'intérêt local ; — 2° pour l'organisation de trains ouvriers, au sujet de l'article 41 de ce cahier des charges.

Pour des lignes d'excursionnistes dans les altitudes fort élevées, on peut admettre que l'exploitation sera limitée à la belle saison : ainsi pour le tramway de Royat au Puy-de-Dôme (décret du 14 juin 1902), la circulation des trains n'est imposée qu'entre le 15 juin et le 15 septembre.

Si on prévoit l'éventualité de la substitution de la traction électrique au système employé pendant les premières années de l'exploitation, on pourra ajouter l'alinéa transcrit ci-dessus au sujet de l'article 33 du cahier des charges des chemins de fer d'intérêt local.

Article 16. — Si la durée de la concession est courte, l'amortissement devient fort onéreux. Il résulte des dispositions admises pour la concession des tramways de pénétration de Paris qu'en tenant compte du temps nécessaire pour la construction et la mise en train, il ne resterait guère plus de 25 ans pour l'amortissement, ce qui coûterait par an 6,4 p. 100 de capital (1) ; une charge aussi lourde est de nature à faire péricliter une entreprise de transports. Il est vrai qu'il existe des raisons sérieuses pour ne pas accorder à des tramways une concession très longue, pendant la durée de laquelle les circonstances peuvent changer ; mais il y a lieu d'observer que le cahier des charges type permet d'opérer le rachat à toute époque. Une durée de 50 ans est fréquemment admise pour les tramways départementaux.

Il résulte de la circulaire ministérielle du 12 août 1902, dont le texte est reproduit ci-après aux annexes que désormais les subventions qui seraient accordées par le Trésor aux lignes de chemins de fer d'intérêt local ou de tramways ne dépasseront pas une durée de 65 ans.

Article 17. — Dans le cahier des charges des tramways de l'Indre (décret du 12 juin 1900), il est dit que l'Etat pourra saisir les revenus du tramway, pour réparer la voie, pendant les *trois* dernières années qui précèderont le terme de la concession, tandis que le cahier des charges type indique cinq ans.

Le cahier des charges des tramways de la Charente-

____

(1) 4 p. 0/0 d'intérêt et 2.40 p. 0/0 d'amortissement.

Inférieure (décret du 22 décembre 1900) spécifie que *la valeur des objets repris sera payée au concessionnaire dans les six mois qui suivront l'expiration de la concession.*

Au point de vue des remises à faire lors de cette expiration, par la compagnie substituée au concessionnaire, il peut y avoir lieu d'établir une distinction entre les installations devant faire partie du domaine public de la voie ferrée, telles que celles établies sur le sol de la voie publique, et celles qui appartiendront au domaine privé de cette compagnie et devront rester sa propriété.

Comme les conditions dans lesquelles le concessionnaire d'un tramway électrique peut se procurer l'énergie destinée à son service de traction sont extrêmement variables, il pourrait être avantageux, pour le cas où les usines productrices de cette énergie doivent être remises au pouvoir concédant, de remplacer à l'article 17, les mots :

. . . . . usines et installations de toute nature établies en vue de la production et du transport de l'énergie électrique ou autre destinée à l'exploitation du tramway. . . . . ; par les mots :

. . . . . usines et installations de toute nature, *spécialement* établies en vue de la production et du transport de l'énergie *nécessaire pour assurer le service de traction du nombre minimum de trains stipulé ci-dessus à l'article 14*. . . . . .

Cette modification de rédaction serait destinée à préciser que le concessionnaire n'aura pas à remettre des usines qui ne lui appartiennent pas et ne font pas partie du domaine de la voie ferrée. Ces usines peuvent alimenter plusieurs concessions de tramways électriques ne devant pas expirer à la même époque et ne devant pas faire retour au même pouvoir concédant ; elles peuvent avoir été établies antérieurement à la concession à laquelle s'applique le cahier des charges, ou servir à l'éclairage public ou à d'autres entreprises dont le concessionnaire ne saurait se charger sans autorisation, puisque le décret du déclaratif d'utilité publique lui interdit d'engager son capital, directement ou indirectement, dans une opération autre que la construction ou l'exploitation du tramway qui lui a été concédé. Alors même que le concessionnaire a construit et utilisé une usine spécialement établie pour fournir l'énergie électrique destinée à son service de traction, il peut arriver qu'il loue de l'énergie à une autre usine ne lui appartenant pas, afin de mettre en mouvement des trains en sus du minimum que le cahier des charges lui impose. Les cas qui peuvent se produire pour l'application de l'énergie électrique à la traction des tramways sont extrêmement nombreux. Les questions se rattachant aux détails de l'équipement électrique ne sont résolues qu'après le décret déclaratif d'utilité publique, le concessionnaire devant se réserver toute liberté, en ce qui concerne l'usine électrique pour le choix de la solution la plus économique. D'ailleurs, le décret du 18 mai 1881 ne réclame aucun renseignement à ce sujet parmi les pièces à fournir à l'appui de la demande de concession.

La convention du tramway du Puy-de-Dôme (décret du 14 juin 1902), porte que le préfet, pourra autoriser le concessionnaire à se procurer auprès des tiers l'énergie nécessaire à l'exploitation de sa ligne.

Article 23. — Il a été dit, dans quelques cahiers des charges, que le concessionnaire pourrait être tenu de délivrer des billets d'aller et retour valables pour deux jours et comportant une réduction de 25 0/0 sur le double d'un billet simple.

Les observations faites ci-dessus, au sujet de l'article 41 du cahier des charges des chemins de fer d'intérêt local sont également applicables à l'article 23 du cahier des charges des tramways.

Pour certains tramways urbains, on pourrait ajouter les deux clauses suivantes :

Le transport gratuit s'appliquera aux paquets et bagages peu volumineux, susceptibles d'être portés sur les genoux, sans gêne pour les voisins, et d'un poids inférieur à 10 kilogrammes.

Si l'administration prescrit ou autorise la mise en service de trains à partir de ... heures du soir, les tarifs seront doublés.

L'emprunt par un nouveau concessionnaire de lignes ou sections de lignes précédemment concédées à une compagnie, qui les exploite, ou d'une section de ces lignes, donne généralement lieu à de graves difficultés et ce système a créé beaucoup d'embarras pour les tramways de pénétration de Paris. Je pense qu'il vaut mieux généralement pour l'emploi partiel des voies par de nouvelles lignes que les deux compagnies intéressées s'entendent entre elles. Il convient de n'autoriser ces emprunts qu'en cas de nécessité bien démontrée ; il est possible cependant qu'on soit amené à ajouter, surtout pour les tramways urbains, un article 23 *bis*, dont la rédaction variera suivant les circonstances ; celle qui est donnée ci-après s'applique au cas de la traction électrique.

Article 23 *bis. — Si une compagnie est autorisée ultérieurement à emprunter partiellement, à ses frais et avec son matériel roulant, les voies de la ligne qui fait l'objet de la présente concession, le concessionnaire de cette ligne aura droit au paiement d'un péage annuel que l'on calculera en répartissant proportionnellement au nombre de kilomètres voitures afférents aux troncs communs :*

1° L'intérêt à 5 0/0 de la partie correspondante du capital de premier établissement des voies, y compris expropriations et dépenses de toute nature ;

2° les dépenses d'entretien afférentes aux voies, ainsi qu'aux pavages et empierrements, y compris les travaux complémentaires, la réfection partielle ou intégrale des voies et, d'une manière générale, l'ensemble des charges qui incomberont au concessionnaire, au cours de la concession, du fait de la voie ferrée.

Le système de traction afférent aux lignes qui emprunteraient les voies du concessionnaire ne pourra, en aucun cas, nuire à l'exploitation de la ligne qui fait l'objet du présent cahier des charges; les dépenses supplémentaires nécessaires à cet effet seront entièrement à la charge des concessionnaires des lignes autorisées à l'emprunter. Au droit des troncs communs, le concessionnaire ne sera pas tenu de mettre à la disposition de ces derniers les installations que comportera son propre système de traction et notamment de leur fournir le courant électrique. L'utilisation éventuelle de tout ou partie des installations existantes, et notamment, la fourniture du courant, feront l'objet, le cas échéant d'une entente à négocier entre les intéressés; au cas où cette entente ne pourrait pas se réaliser, le ministre des travaux publics statuerait sur ces difficultés.

Si, par suite d'encombrement, les autorités compétentes jugeaient nécessaire de réduire le nombre des voyages journaliers, au droit des troncs communs, cette réduction

porterait de préférence sur les lignes nouvelles et respecte-
rait, en tout état de cause, le nombre minimum de voyages
journaliers que prévoit l'article 14 du présent cahier des
charges.

Les difficultés qu'on se propose de résoudre en insérant cet article 23 *bis* se présentent non seulement pour
les tramways électriques, mais encore dans tous les
autres cas où le péage est inapplicable. On pourrait
adopter, pour ces cas, une rédaction analogue à celle
de l'article 23 *bis*, mais plus simple, en donnant au
Ministre le droit de statuer à défaut d'entente.

Enfin, l'alinéa inséré au cahier des charges type,
après le tableau des tarifs maxima, et ainsi libellé :
« Les prix déterminés ci-dessus ne comprennent pas
« l'impôt dû à l'Etat » pourra, à mon avis, être fréquemment supprimé ; car beaucoup de compagnies de
tramways se chargent de payer l'impôt, qu'il serait difficile de répartir entre les voyageurs.

Il est clair que pour les tramways ne devant faire
qu'un service de voyageurs, *on supprimera les articles*
24, 25, 26, 27, la plus grande partie de l'article 29,
les articles 30, 31, 32, 34.

Article 32. — Pour diverses concessions de tramways, on a ajouté à cet article, qui régit le factage et
le camionnage, l'alinéa suivant :

Le concessionnaire opérera le chargement et le déchar-
gement des colis expédiés en grande vitesse, messageries,
bagages, etc., et d'une manière générale, de tous les colis
susceptibles d'être chargés ou déchargés par le personnel
des trains, colis dont le poids individuel maximum est fixé
à 300 kilogrammes. Il ne sera pas tenu d'effectuer le char-
gement ni le déchargem.nt de toutes les autres marchan-
dises.

Article 34. — Dans le cas où il paraîtrait utile de donner, pour la réglementation des embranchements industriels, plus de détails que n'en comporte cet article, dans le cahier des charges type des tramways, on pourrait se référer à l'article 61 du cahier des charges type des chemins de fer d'intérêt local et à ce qui a été dit ci-dessus au sujet de ce dernier article.

Article 36. — Je me réfère, en ce qui concerne les colis postaux, à ce qui a été dit ci-dessus au sujet de l'article 56 du cahier des charges des chemins de fer d'intérêt local.

Dans l'intérêt du service télégraphique, on pourrait ajouter à l'article 36 du cahier des charges des tramways urbains, l'alinéa suivant :

Les sous-agents des postes et télégraphes en service pourront emprunter gratuitement les voitures du tramway pour le transport des télégrammes ; toutefois il ne pourra être admis plus de deux employés dans le même train.

Article 37. — Il a été stipulé pour les tramways de l'Indre, que la somme à payer par le concessionnaire, pour les frais de contrôle, sera versée *le 1ᵉʳ février et le 1ᵉʳ juillet de chaque année et que le premier versement aura lieu le 1ᵉʳ février ou le 1ᵉʳ juillet qui suivra la date de la déclaration d'utilité publique.*

Article 37 bis. — Si des redevances doivent être payées aux communes, pour permis de stationnement et location de la voie publique, elles doivent, conformément au paragraphe 2 de l'article 34 de la loi du 11 juin 1880, être stipulées expressément et être définies exactement dans le cahier des charges ; l'article où elles seront précisées pourrait porter le numéro 37 *bis.* Plusieurs compagnies de tramways parisiens ont proposé de payer à la ville : 1° pour l'établissement de bureaux sur la voie publique, des redevances établies conformément à l'article 31 de la loi du 18 juillet 1837 et à l'article 17 de la loi du 24 juillet 1867 ; — 2° un droit de stationnement calculé à raison de un pour cent de la recette brute effectuée dans l'intérieur de la ville, non compris la recette provenant des trains ouvriers, et étant entendu que la justification de la recette sera obtenue dans les conditions prévues aux articles 4, 5 et 6 du décret du 20 mars 1882.

Il peut être jugé préférable de donner un caractère contractuel aux obligations à imposer au concessionnaire vis-à-vis de ceux qu'il emploie ; car si ces obligations sont insérées dans les actes constitutifs de la concession, elles ne peuvent être modifiées, pendant toute la durée de la concession, que d'accord avec le concessionnaire, attendu qu'un contrat ne peut être changé qu'avec le consentement formel de toutes les parties contractantes. Quand les ouvriers ont, sous le contrôle d'une compagnie, la gestion d'une caisse établie en leur faveur, il importe qu'ils coopèrent aux versements devant alimenter cette caisse. Les conditions du travail admises par plusieurs compagnies à Paris sont fort avantageuses pour le personnel d'employés et ouvriers, mais elles rendent l'exploitation onéreuse ; c'est pour des tramways urbains qu'elles sont rédigées ; elles doivent varier suivant les régions et les circonstances ; je me bornerai donc à reproduire ici, à titre de simple renseignement, celles qui ont été récemment acceptées, sous les numéros 37 *ter* et 37 *quater*, par une compagnie concessionnaire de tramways à Paris et dans la banlieue :

Article 37 ter.— « Le concessionnaire devra, pour les travaux de construction de la ligne, soit introduire dans les marchés qu'il passera avec des entrepreneurs, soit appliquer lui-même des dispositions semblables aux dispositions arrêtées par les cahiers des charges des marchés de travaux publics par application du décret du 10 avril 1889.

Le concessionnaire devra organiser son exploitation de manière à satisfaire aux prescriptions ci-après :

1° Le salaire intégral sera assuré :

(*a*). — au personnel pendant la période d'instruction militaire ;

(*b*). — aux employés et ouvriers commissionnés, pendant dix jours de congé qui seront accordés à chacun d'eux, annuellement, à des époques subordonnées aux besoins de l'exploitation et pour autant que le nombre total de jours où l'agent dispensé de service touche son salaire, n'excédera pas 28 jours dans une période de 12 mois.

Toutefois, l'agent n'aura pas droit à ces dix jours de congé s'il a déjà obtenu dans les douze mois précédents et pendant un nombre de jours supérieur à trente, les secours prévus en cas de maladie par le paragraphe 2.

2° Les jours de maladie dûment constatés par un médecin désigné et rétribué par la compagnie, seront payés dans leur intégralité pendant 90 jours et par moitié pendant une seconde période de 90 jours par la caisse instituée en vertu de l'article 37 *quater* ci-après.

3° Il ne devra employer que des ouvriers et employés de nationalité française.

4° Il devra accorder aux ouvriers et employés un salaire minimum correspondant à cinq francs par jour de travail effectif ou des appointements de 150 francs par mois.

Néanmoins le concessionnaire pourra, sans être astreint au minimum fixé par le paragraphe précédent, employer jusqu'à concurrence de cinq pour cent de son personnel, des apprentis et des demi-ouvriers. Ces derniers pourront comprendre des ouvriers ayant été employés par le concessionnaire et n'ayant plus les facultés nécessaires pour un service normal.

5° La durée moyenne de travail effectif ne devra pas dépasser 70 heures par semaine, avec maximum de 12 heures par jour.

En cas de nécessité absolue, le concessionnaire pourra déroger aux prescriptions ci-dessus, avec autorisation expresse de l'Administration. Les heures de travail supplémentaires faites dans ces conditions donneront lieu à une majoration de salaire.

6° En cas d'accident survenu dans le travail, l'ouvrier recevra les indemnités fixées par la loi du 9 avril 1898, l'Administration aura toujours le droit d'imposer les mesures de sécurité et d'hygiène reconnues nécessaires.

7° Une commission sera délivrée sous forme de contrat de louage à tout ouvrier ou employé majeur des deux sexes ayant accompli 24 mois de service.

8° Pour inexécution des dispositions du présent article, le concessionnaire sera passible d'une amende qui sera fixée par le ministre des travaux publics et qui sera égale à la somme nécessaire pour indemniser les ouvriers lésés. Si des infractions graves et réitérées étaient constatées, le concessionnaire encourrait la déchéance ».

Article 37 quater. — « Le concessionnaire s'oblige :

(*a*). — A fournir à tout le personnel commissionné

des livrets de la Caisse nationale des retraites, les versements étant constitués à capital aliéné, au moyen de deux pour cent de retenue sur le salaire des ouvriers, six pour cent versés en leur nom par le concessionnaire.

(*b*).— A contribuer à la constitution d'une caisse spéciale qui sera gérée par les ouvriers et employés eux-mêmes, sous le contrôle du concessionnaire ou de son représentant. Cette caisse est destinée à assurer plvs spécialement en cas de maladie le service pharmaceutique et les secours fixés par le paragraphe 3 de l'article 37 *ter*, ainsi que les frais funéraires.

Elle sera alimentée par moitié par des retenues opérées sur les salaires du personnel et par moitié par le concessionnaire ».

Au sujet du 3° de l'article 37 *ter*, je ferai observer que, pour les réseaux départementaux, les questions de nationalité sont réglées par la convention et non par le cahier des charges. Ainsi, pour les chemins de fer d'intérêt local de la Haute-Saône (loi du 7 juillet 1890), l'article 22 de la convention porte :

Le concessionnaire s'engage à n'employer, pour la construction, l'exploitation et l'entretien des lignes concédées, que du matériel construit en France et des agents de nationalité française, sauf autorisation particulière qui pourrait lui être accordée par le Préfet du département mais seulement en ce qui concerne le personnel.

III. — Rachat d'une concession avant l'expiration des quinze premières années d'exploitation

Si le rachat de la concession de la ligne entière, che·
min de fer d'intérêt local ou tramway, n'est demandé
qu'après l'expiration des quinze premières années de
l'exploitation, la méthode à suivre pour calculer le prix
du rachat est indiquée dans le cahier des charges. Mais
si le rachat est demandé avant l'expiration de ces
quinze années on se borne à dire qu'il se fera conformément au paragraphe 3 de l'article 11 de la loi du
11 juin 1880 ; il en résulte qu'en ce cas, le prix du
rachat est fixé par une commission spéciale, nommée
par décret, dans les conditions réglées par la loi du
29 mai 1845. Cette commission juge sans appel, comme
un tribunal arbitral ou un jury, et sans être astreinte
aux règles ordinaires de la procédure. Il est donc intéressant d'examiner sur quelles bases peuvent être fon-
dées les demandes que le concessionnaire aura à présenter et sur lesquelles la commission sera libre de se
prononcer comme elle l'entendra

Des rachats ont été ainsi opérés pour beaucoup de
canaux et pour quelques chemins de fer d'intérêt général : mais en ce qui concerne les lignes d'intérêt local,
je ne connais qu'un seul exemple, celui de la commission qui a statué sur le prix de rachat du réseau con·
cédé à la Compagnie des chemins de fer régionaux des
Bouches-du-Rhône. D'après la décision de cette com-

mission, le département devra payer à la compagnie des annuités de 719.869 francs du jour où il prendra possession des lignes jusqu'au 12 avril 1961. Le département devra, en outre, reprendre à la compagnie le matériel et les approvisionnements désignés à l'article 35 du cahier des charges ; il en paiera la valeur à dire d'experts, dans un délai de six mois, à dater du rachat. La compagnie devra livrer en bon état d'entretien les lignes qui font partie du rachat, faute de quoi, il sera procédé, d'un commun accord ou à dire. d'experts, à l'évaluation des dépenses à faire pour remplir ces conditions et ces dépenses seront déduites de l'indemnité du rachat.

On voit que la sentence arbitrale ne règle pas définitivement les comptes, puisqu'il y aura à faire des expertises, si le rachat se réalise et il n'a pas encore été statué sur ce point : il a suffi que le département des Bouches-du-Rhône demande le rachat pour que la commission ait été nommée par décret ; elle a fixé les conditions auxquelles ce rachat sera soumis s'il est opéré ; mais il ne pourra être effectivement réalisé que si un traité est passé par le département avec une société disposée à reprendre l'exploitation, et si ce traité est approuvé, après avis du Conseil d'Etat par le gouvernement. En cas de rachat demandé par un département, l'Etat ne consentirait pas à augmenter les sacrifices résultant pour lui de la concession ; si donc il fallait assumer des charges nouvelles pour assurer le maintien de l'exploitation, elles seraient entièrement à la charge du département.

Un concessionnaire évincé avant l'expiration des quinze premières années a droit à une indemnité qu'il peut en général baser sur les éléments ci-après :

1º Paiement par le pouvoir concédant, pendant toute la durée de la concession, d'une annuité représentant l'intérêt du capital de premier établissement dépensé par le concessionnaire ;

2º Paiement, en annuités, des travaux complémentaires ;

3º Paiement de la valeur du matériel roulant, du mobilier, des approvisionnements, etc. ;

4º Annuités pour le bénéfice d'exploitation ;

5º Indemnité de dépossession.

A ces chefs d'indemnités peuvent s'en ajouter d'autres, provenant des clauses particulières de la concession, ou des circonstances locales. Ainsi, par exemple, pour les chemins de fer d'intérêt local d'Indre-et-Loire (loi du 26 septembre 1882), le concessionnaire a pris à sa charge un dixième des insuffisances ; il en aurait demandé le remboursement si le département avait cru devoir dénoncer le contrat en vue duquel ce sacrifice a été consenti.

L'opportunité du rachat de chemins de fer d'intérêt local concédés a été examinée, en 1888, par le Conseil général du département de la Gironde et, en 1802, par celui du département de l'Allier ; les garanties à payer annuellement par ces deux départements sont très considérables, en raison de l'insuffisance des produits de l'exploitation. La question à résoudre était évidemment celle de savoir si l'annuité de rachat serait inférieure aux charges résultant pour le département du maintien de la convention de concession. Si l'annuité de rachat est supérieure à l'annuité d'exploitation, il y a, en outre, cette circonstance aggravante que la première demeurera invariable jusqu'à l'époque fixée par le traité pour l'expiration de la concession, tandis que la seconde tend à s'amoindrir chaque année, en raison de l'augmentation du trafic.

Les départements n'ont donc généralement pas intérêt à opérer le rachat d'un chemin de fer d'intérêt local, avant l'expiration des quinze premières années de l'exploitation. Les Conseils généraux de la Gironde et de l'Allier ont constaté, par l'organe de leurs rapporteurs et après une enquête approfondie, que le rachat anticipé aurait, pour les finances départementales, des conséquences plus onéreuses que le maintien de la concession. Le seul exemple de rachat anticipé, en dehors des cas de déchéance, qui ait été réalisé, à ma connaissance, avant l'expiration des quinze premières années de l'exploitation, est celui de la ligne de tramways à traction mécanique de Grenoble à Veurey, avec raccordement aux gares de voyageurs et de marchandises du réseau P.-L.-M., concédé par décret du 28 janvier 1893 ; l'indemnité de rachat a été fixée à l'amiable en 1902 à la suite d'un accord entre le concessionnaire et le département de l'Isère, qui tenait à reprendre cette voie ferrée, pour en faire la tête de ligne de tout un nouveau réseau de tramways ; il y avait donc une circonstance particulière qui militait en faveur du rachat.

IV. — Clauses financières des traités de concession d'un chemin de fer d'intérêt local ou d'un tramway.

Observations générales. — Sauf de rares exceptions, l'établissement des chemins de fer, canaux ou tramways a exigé en France une subvention consistant en un capital fourni par l'Etat, les départements ou les communes : l'allocation de cette subvention est bien justi‑ fiée s'il en résulte un développement suffisant de la richesse publique.

Au 1er janvier 1901, les subventions ainsi accordées aux lignes à voie large des réseaux français d'intérêt général, par kilomètre, se résumaient ainsi, en nombres ronds :

Participation {
de l'Etat 113.100
des localités. .   8.100
des compagnies   308.900
} 430.100 fr.

L'Etat a donc avancé, pour les grands réseaux, 26 0/0 de la dépense (1) ; les départements et les communes n'ont avancé que 2 0/0. D'ailleurs l'Etat retire des impôts, ainsi que des économies réalisées dans les transports effectués pour son compte, un revenu de plus de 5 0/0 de ses avances.

(1) Ces chiffres sont extraits de la brochure intitulée : *Les chemins de fer d'intérêt local de la Haute-Saône*, par M. l'ingénieur en chef G. Bouvaist, imprimerie Céval, à Vesoul, 1903.

La part contributive des départements et des communes est beaucoup plus élevée pour les chemins de fer d'intérêt local et les tramways ; elle est réglée par la loi du 11 juin 1880, dont les articles 13 et 36 portent que lors de l'établissement d'un chemin de fer d'intérêt local, ou d'un tramway desservi par des locomotives et destiné au transport des marchandises en même temps qu'au transport des voyageurs, l'Etat peut s'engager — en cas d'insuffisance du produit brut pour couvrir les dépenses de l'exploitation et 5 0/0 du capital de premier établissement, tel qu'il a été prévu par l'acte de concession, augmenté, s'il y a lieu, des insuffisances constatées pendant la période assignée à la construction par ledit acte — à subvenir pour partie au paiement de cette insuffisance, à la condition qu'une partie au moins équivalente sera payée par le département ou par la commune, avec ou sans le concours des intéressés.

Conventions approuvées dans les premières années qui ont suivi la promulgation de la loi du 11 juin 1880. — Cette loi a été appliquée de bien des manières ; les conventions passées avec les concessionnaires diffèrent presque toutes. Je ne donnerai pas ici l'analyse de ces diverses conventions, qui sont fort nombreuses : je me bornerai à indiquer les dispositions principales qui ont été successivement adoptées. Pour la critique des différents systèmes employés, je ferai des emprunts à l'étude publiée par M. l'Ingénieur en chef Heude, dans le *Génie civil* (1), sur les chemins de fer d'intérêt local et les tramways concédés de 1880 à 1890.

On a d'abord suivi le système de la garantie d'inté-

(1) Brochure éditée par la librairie polytechnique Baudry, Ch. Béranger, successeur, 15, rue des Saints-Pères, 1892.

rêt, le concessionnaire étant chargé de la construction et de l'exploitation et le département s'engageant à subvenir au paiement intégral des insuffisances, tant à l'aide de ses ressources propres qu'à l'aide de la subvention de l'Etat ; d'ailleurs l'Etat stipule toujours un maximum pour sa subvention. Ce système est fort simple et présente l'avantage d'offrir toute sécurité aux capitaux de la société concessionnaire ; il a été appliqué à beaucoup de lignes et permet de trouver pour elles des preneurs très sérieux, quelles que soient les difficultés de la construction et quelque minime que doive être le trafic ; mais il présente plusieurs inconvénients, notamment celui d'imposer de lourdes charges au département pour les ʎʒnes peu rémunératrices, et celui de ne pas intéresser suffisamment l'exploitant à réduire les frais d'exploitation et à prendre les mesures destinées à développer le trafic, en augmentant la recette brute. Il est vrai qu'avec le système de la garantie d'intérêt, le concessionnaire est le débiteur de l'Etat et du département pour toutes les insuffisances ; mais si les recettes de la ligne ne s'élèvent pas assez, pour lui permettre de rembourser cette nature de dettes, il s'en trouvera entièrement libéré à l'expiration de la concession. Il y a là, pour le département, un aléa qui peut être fort onéreux, parce qu'il est très difficile d'évaluer à l'avance le trafic des lignes projetées, et que le fonctionnement de la garantie expose le pouvoir concédant à de grosses dépenses, chaque année, si la ligne ne procure que de faibles recettes.

Pour limiter les risques que la garantie d'intérêt fait courir au département, quand il s'engage à subvenir au paiement intégral des insuffisances, on a stipulé dans diverses conventions, que la subvention du département, jointe à celle des communes et des particuliers, dont le département se porte fort à l'égard du concessionnaire, ne dépassera pas, par an, un maximum déterminé (1). Il est dit, par exemple, dans la convention jointe au décret du 28 août 1893, pour la construction du tramway de Saint-Amand à Hellemmes que la compagnie concessionnaire ne pourra, quelle que soit l'insuffisance, prétendre recevoir du département du Nord, indépendamment de l'intervention de l'Etat, des communes et des particuliers, une somme supérieure à 740 francs par kilomètre ; le décret porte que la longueur à laquelle ce maximum s'applique ne pourra pas excéder 32 kilomètres ; que les frais de constitution du capital actions et d'émission des obligations, ne pourront dépasser un maximum de 5 p. 100 du capital réellement dépensé ; que le taux de l'intérêt garanti ne dépassera pas 4,40 p. 100, amortissement compris ; d'ailleurs la charge annuelle pouvant incomber au Trésor n'excèdera pas 23 680 francs. En réalité, une convention de ce genre ne met pas le concesionnaire à l'abri des risques de l'exploitation, attendu que la somme pour laquelle les dépenses de premier établissement de la ligne peuvent être admises en compte est limitée à 53.000 francs par kilomètre : or la sub-

____

(1) Voir pour les chemins de fer d'intérêt local : les lois des 2 août 1883 (Valmondois à Epiais), 8 août 1890 (Lens à Frévent), 28 juillet 1891 (Armentières à Halluin), 3 août 1892 (du Portel à Boulogne-sur-Mer et à Bonningues), 12 août 1893 et 16 juillet 1900 (chemins de fer dénommés Groupe du Sud, dans le département du Nord) et 7 juillet 1896 (Lourches à Cambrai) ;

Et pour les tramways : les décrets des 17 mars 1887 (Châteaubriant à Saint-Julien), 29 décembre 1888 (Annemasse à Samoëns), 26 août 1889 (Vienne aux Grands Lemps et aux Quatre-Chemins, Quatre Chemins à Charavines), 28 janvier 1893 (Voiron à Saint-Béron, Grenoble à Veurey) et 28 août 1893 Saint-Amand à Hellemmes), ainsi que les conventions annexées à ces lois ou décrets.

vention de l'Etat ne saurait excéder $\frac{23.680}{32} = 740$ francs, maximum égal à celui du département ; la garantie ne s'élève donc, par kilomètre et par an, qu'au maximum de 1.480 francs, somme inférieure à l'intérêt du capital de premier établissement.

Pour d'autres concessions, le département s'est borné à allouer une subvention fixe, en capital ou en annuités (1). Pour le chemin de fer de Rouillac à Matha, le département, à qui restent acquises les subventions éventuelles de l'Etat, accorde à la compagnie concessionnaire une subvention fixe annuelle, pendant toute la durée de la concession, de 4,15 p. 0/0 du capital de premier établissement, y compris la prime d'économie, s'il y a lieu ; un maximum de 70.000 francs par kilomètre est stipulé pour ce capital. Pour les tramways de Périgueux à la Juvénie et à Saint-Pardoux, le département a confié la construction des lignes au concessionnaire, moyennant une subvention fixe de 45.000 francs par kilomètre, applicable à la longueur forfaitaire. Lorsque la subvention du département est donnée en capital, en terrains, en travaux ou sous toute autre forme que celle d'annuités, l'article 12 du décret du 20 mars 1882 prescrit de l'évaluer en annuités au taux de 4 p. 0/0, pour l'application des articles 13 et 36 de la loi de 1880, aux termes desquels l'Etat ne peut subvenir pour partie aux insuffisances annuelles qu'à

(1) Voir pour les chemins de fer d'intérêt local : les lois des 21 août 1882 (Lyon-Saint-Just à Vaugueray et Mornant), 5 janvier 1882 (Etival à Senones), 26 septembre 1882 (Denain au Catelet), 15 janvier 1885 (Sore à Luxey) et 4 juillet 1893 (Rouillac à Matha) ;

Et pour les tramways les décrets des 17 août 1880 (Cambrai à Catillon), 3 février et 14 avril 1883 (tramways de la Manche) et 21 décembre 1886 (Périgueux à la Juvénie et Périgueux à Saint Pardoux).

la condition qu'une partie au moins équivalente sera payée par le département ou les communes. En conséquence, le maximum de la subvention de l'Etat, pour les tramways de Périgueux à la Juvénie et à Saint-Pardoux a été fixé à 2 p. 0/0 de la subvention du département, soit à 900 francs par kilomètre et par an.

Lorsque le concessionnaire est chargé de la construction et de l'exploitation, moyennant une garantie ou des subventions, les actes constitutifs de la concession fixent des limites pour le capital de premier établissement et pour les dépenses d'exploitation. Il est évidemment utile de déterminer ces deux éléments de manière à obtenir autant que possible que le constructeur établisse les lignes économiquement et bien, tout en faisant un bénéfice raisonnable, et qu'ensuite l'exploitant soit intéressé à développer le trafic, c'est-à-dire qu'il puisse réaliser un bénéfice sérieux quand la recette brute de sa ligne augmente.

Capital de premier établissement. — Pendant les premières années qui ont suivi la promulgation de la loi de 1880, presque toutes les conventions ont fixé ce capital à forfait. C'est un système simple ; il dispense de toute vérification ultérieure, met le pouvoir concédant à l'abri des mécomptes et augmentations de dépenses que peut occasionner l'exécution des travaux, surtout lorsqu'on doit traverser des terrains difficiles ou exécuter des ouvrages d'art importants. Pour que le forfait donne de bons résultats, il faut que l'évaluation forfaitaire soit calculée assez exactement pour ne pas différer beaucoup du montant total des dépenses réellement nécessaires et en second lieu, que le traité soit passé avec un concessionnaire méritant toute confiance, au point de vue de la solvabilité et de la bonne exécution des travaux.

Il est difficile de calculer à l'avance, sur le vu d'un simple avant-projet, le coût exact d'un chemin de fer d'intérêt local ou d'un tramway. Un demandeur ne fait généralement qu'un simple avant-projet sommaire pour une ligne dont la concession lui sera disputée par des concurrents ; car la rédaction d'un projet complet suppose des études qui lui imposeraient des dépenses considérables, et faites en pure perte, si la concession était donnée à un autre. Il est vrai que les évaluations sont vérifiées par le service du contrôle ; mais il est rare que ce service dispose de crédits suffisants pour procéder à des études détaillées sur le terrain. Si le forfait est trop élevé, le pouvoir concédant se trouve lésé et est exposé à des critiques puisqu'il aurait pu payer moins cher, en faisant lui-même les travaux (1). Si au contraire, le prix forfaitaire est beaucoup trop faible et si le concessionnaire n'est pas en mesure de supporter de très grosses pertes, il sera tenté de réduire les dépenses de premier établissement par tous les moyens : les malfaçons sont à redouter dans ce cas, surtout si le constructeur ne doit pas être chargé de l'exploitation.

Dans ces dernières années, on s'est attaché à diminuer l'aléa du forfait s'appliquant à la totalité du capital de premier établissement, en insérant une série de

____

(1) On verra ci-après que le système de la construction par les soins du département est devenu fréquent; de cette façon, le département est sûr d'en avoir pour son argent. On avait objecté autrefois que les constructions dirigées par les ingénieurs des ponts et chaussées coûtent cher; mais cette critique n'est pas fondée, car l'expérience prouve que les chemins de fer d'intérêt local et tramways ainsi construits dans la Haute-Saône, le Jura et beaucoup d'autres départements, ont été faits solidement et économiquement

prix dans la convention, ou en limitant la dépense totale par un maximum, ou en combinant ces deux systèmes.

Le système de la série de prix consiste à fixer dans la convention des prix fermes, par nature d'ouvrage, pour les travaux à exécuter par le concessionnaire. Le forfait ne s'applique ainsi qu'aux prix de chaque ouvrage et on ne porte en compte que les quantités réellement exécutées : mais si la série comprend tous les ouvrages, on retombe, au point de vue de la fixation des prix, dans les inconvénients souvent reprochés au forfait. Pour les tramways du Calvados (D. du 15 juin 1897), ceux des Basses-Pyrénées (D. du 4 avril 1898), ceux de l'Indre (D. du 12 juin 1900), ceux de la Charente-Inférieure (D. du 12 décembre 1900) et le chemin de fer de Soissons à Rethel (loi du 6 juillet 1902), on a combiné le système de la série de prix avec celui qui est exposé à l'alinéa suivant pour le maximum de la dépense totale et pour la prime d'économie.

Si la convention stipule un maximum pour le capital de premier établissement (soit que les travaux soient payés sur série de prix, soit qu'on doive tenir compte au concessionnaire de toutes les dépenses réellement faites et dûment justifiées), il en résulte pour le service du contrôle la charge de vérifier les dépenses, auxquelles il est d'usage d'ajouter un pourcentage variant, suivant les lignes, entre 10 et 15 p. 0/0, afin de tenir compte au concessionnaire des frais généraux et dépenses d'administration centrale, ainsi que de l'intérêt et de l'amortissement des capitaux pendant la période de construction, mais non compris les frais locaux de surveillance. On peut craindre que les deux parties contractantes ne soient portées à adopter pour le maximum un chiffre supérieur à celui qu'elles auraient admis pour servir de base à un forfait ; car elles savent que le règlement des comptes sera basé sur le montant des dépenses réelles et non sur celui du maximum. S'il est notablement supérieur au montant des dépenses réellement nécessaires, il pourrait arriver que le concessionnaire profite de cet écart pour imputer sur les dépenses de premier établissement, subventionnées ou garanties, des travaux utiles mais non indispensables, attendu qu'il a intérêt à diminuer les charges annuelles de l'entretien, portées au compte de l'exploitation. Si par exemple, il fait perreyer des talus, pendant la période de construction, il sera moins exposé à l'obligation de faire pour ces talus, en cours d'exploitation, des dépenses de réparation ou de consolidation, qui diminueraient le produit net de la ligne. En vue de parer à cet inconvénient, il est stipulé, dans la plupart des conventions, que le montant des dépenses admises en compte comme dépenses réelles sera majoré, à titre de prime d'économie, d'une partie (par exemple, la moitié ou les deux tiers) de la différence entre le chiffre maximum fixé pour le capital de premier établissement, par la convention et le montant des dépenses réelles. De cette façon, le concessionnaire est intéressé à construire économiquement et à se tenir au-dessous du maximum.

Entretien pendant les premiers temps qui suivent la mise en exploitation. — Il a été admis, pour certains chemins de fer, qu'on porterait au compte de premier établissement les trois cinquièmes de la dépense d'entretien de la voie et des terrassements des sections successivement ouvertes à l'exploitation jusqu'au 31 décembre de l'année suivant cette ouverture ; car pendant les premiers temps, les frais sont supérieurs à ceux d'un entretien normal surtout quand la ligne est établie sur des terrains argileux. Au réseau déparmental des Basses-Pyrénées, l'entretien de la voie est porté au compte de premier établissement pendant trois mois. Sur la ligne de Soissons à Rethel (loi du 6 juillet 1901), les ouvrages d'art, établis par le département, sont entretenus par lui pendant deux ans ; les autres travaux incombant au département sont également entretenus par lui, mais seulement pendant un an ; enfin, l'entretien de la voie établie par le concessionnaire est porté au compte de premier établissement pendant les six premiers mois de l'exploitation. Pour les lignes de Reims à Dormans et d'Epernay à Montmirail (loi du 6 juillet 1899), les dépenses d'entretien de la voie et des terrassements sont portées au premier établissement pendant un an à partir de l'ouverture à l'exploitation.

Il paraîtrait équitable de stipuler que l'entretien des travaux sera porté au compte de premier établissement, jusqu'au 31 décembre de l'année suivant celle où on aura ouvert la ligne ou la section à l'exploitation.

Acquisition des terrains. — Pour les grands réseaux, de chemins de fer d'intérêt général, les conventions de 1883 stipulent que les dépenses à rembourser par l'Etat, pour la construction des lignes, comprenant les frais généraux, les frais de personnel et l'intérêt des capitaux pendant la construction, ne pourront, sauf des exceptions motivées par des circonstances de force majeure ou par le caractère aléatoire de certaines estimations, telles que : « acquisition de terrains, cons-
« truction de souterrains, épuisements exceptionnels,
« consolidation et assainissement de tranchées ou de

« remblais », excéder les maxima fixés d'un commun accord avec l'Etat et la compagnie, après approbation des projets d'exécution. Je crois que pour la fixation d'un forfait ou d'un maximum, en ce qui concerne le capital de premier établissement d'un chemin de fer d'intérêt local ou d'un tramway, on n'admet pas habituellement que le chiffre puisse être modifié en raison du caractère aléatoire de certaines estimations; je ferai observer à ce sujet que l'évaluation des dépenses à faire pour l'acquisition des terrains présente un caractère particulièrement incertain. Quelle que soit l'expérience d'un concessionnaire, il ne peut pas prévoir exactement l'importance des frais que lui imposeront les décisions des jurys d'expropriation : ces risques sont tels qu'il me semblerait équitable que des dispositions spéciales fussent admises pour ce qui concerne les dépenses nécessitées par l'acquisition des terrains.

Dans les conventions avec séries de prix, on a admis quelquefois que les dépenses faites pour acquisitions de terrains seraient portées en compte à leur valeur réelle, augmentée de 15 p. 0/0 pour frais généraux (lignes déjà mentionnées des Basses-Pyrénées et de Reims à Dormans, chemins de fer d'intérêt local du Tarn, déclarés d'utilité publique par la loi du 3 avril 1902). Cette disposition ne suffit pas pour mettre le concessionnaire complètement à l'abri de l'aléa ; car les dépenses totales de premier établissement, y compris les frais d'acquisition de terrains, n'en restent pas moins limitées par un maximum invariable et absolu, quels que soient ces frais. Il serait avantageux pour le concessionnaire que ce maximum ne s'appliquât pas à l'acquisition des terrains, ou tout au moins que les excédents de prix au-dessus d'un chiffre fixé par la convention fussent admis en compte en dehors de ce maximum. La meilleure solution consisterait à charger le département, ou mieux encore les communes, de l'acquisition des terrains, parce que les communes pourront acheter les terrains dans de bonnes conditions, si elles sont intéressées à ne payer qu'un prix raisonnable (1).

Formule d'exploitation. — Les frais d'entretien et d'exploitation d'une voie ferrée se composent de deux éléments : l'un n'est pas subordonné au nombre des trains en circulation (par exemple, les frais d'entre-tien des terrassements, des ouvrages d'art, des bâtiments, etc.) ; l'autre est variable avec l'intensité du trafic (charbon, huile, usure du matériel, etc.). On peut donc admettre que l'ensemble des frais d'entretien et d'exploitation ne doive pas dépasser, par kilomètre, le total obtenu par l'addition d'un terme constant et d'un ou plusieurs termes variant avec R, si on désigne par R la recette brute kilométrique, impôts déduits. La formule la plus simple pour évaluer ces frais F d'entretien et d'exploitation est de la forme :

$$F = a + b\,R$$

La valeur de la constante a doit être calculée de manière à ce que les frais réels d'entretien et d'exploitation soient couverts par le chiffre minimum au-dessous duquel on suppose que la recette brute ne descendra pas, dès le début de l'exploitation.

Les premiers concessionnaires ont demandé et obtenu que les frais d'entretien et d'exploitation soient fixés à forfait, avec stipulation d'un minimum et avec des formules variant suivant l'importance du trafic.

(1) Voir à ce sujet la note ajoutée à la page 64.

Pour les chemins de fer d'intérêt local de l'Allier (lois du 20 août 1883 et du 6 juillet 1889), la formule d'exploitation est la suivante :

$$F = 1800 + \frac{R}{4}$$

avec minimum de 3.700 francs, d'où il résulte que la formule ne sera applicable que lorsque R dépassera 7.200 francs. Un minimum de ce genre est désavantageux pour le pouvoir concédant, attendu que la recette kilométrique est généralement peu élevée sur les petites lignes. L'accroissement du trafic des marchandises entraîne une augmentation des dépenses réelles d'exploitation ; il peut en résulter cette anomalie que le concessionnaire gagne d'autant moins que sa ligne fait plus de recettes brutes.

Dans le traité régissant la ligne du Blayais et le réseau des Landes (loi du 22 août 1881), il est dit que pour des recettes inférieures à 5.500 francs, les frais d'exploitation sont fixés à 3.786 francs par kilomètre, avec deux trains ; que pour des recettes comprises entre 5.500 et 6.000 francs, les frais seront fixés à 4.300 francs, avec l'obligation d'organiser un nombre de trains suffisant ; enfin, qu'au-dessus de 6.000 francs, les frais seront évalués au moyen de la formule :

$$F = 2.300 + \frac{R}{3} \cdot$$

Il en résulte que l'insuffisancé (1) est de 2.314 francs pour une recette kilométrique annuelle de 5.499 francs et de 2.826 francs pour une recette de 5.501 francs ;

(1) L'intérêt à 5 0/0 du capital de premier établissement étant, pour ce réseau, de 4.027 francs, l'insuffisance I est donnée par la formule suivante :

$$I = 4.027 + F - R.$$

la différence étant de 512 francs et la longueur exploitée de 275 kilomètres, on voit qu'une augmentation de 2 francs pour la recette kilométrique moyenne fera toucher au concessionnaire 140.800 francs de plus.

Une anomalie du même genre se rencontre dans la convention relative aux lignes rétrocédées par le département de la Dordogne (de Périgueux à la Juvénie et à Saint-Pardoux, D. du 21 décembre 1886). La recette reste entièrement acquise au concessionnaire jusqu'à 2.820 francs par kilomètre. Entre 2.820 et 4.300, l'excédent sur 2.820 est partagé par moitié entre le département et le concessionnaire ; au delà de 4.300 francs de recette, le partage de l'excédent sur 2.820 francs se fait à raison de 4/10 pour le concessionnaire et 6/10 pour le département. Il en résulte qu'il sera acquis au département 739 fr. 50 pour une recette de 4.299 francs et 888 fr. 60 pour une recette de 4.301 francs. Ainsi le concessionnaire n'aura aucun intérêt à faire passer la recette de 4.299 à 4.301 francs.

On aurait évité ces inconvénients si on avait modifié tout à la fois la constante et le coefficient de R, de manière à ce qu'il n'y ait pas de saut brusque en passant d'une formule à une autre.

Jusque vers 1890, on a généralement employé des formules de la forme suivante :

$$F = 2.500 + \frac{R}{4}$$

$$F = 2.000 + 0.3\,R$$

$$F = 2.300 + \frac{R}{3}$$

$$F = 1.300 + \frac{R}{2}$$

Ces diverses formules présentent un défaut capital,

provenant de ce que, dans beaucoup de cas, le concessionnaire n'est pas suffisamment intéressé au développement du trafic. Si l'augmentation de recette provient du transport des voyageurs, elle n'entraînera qu'un accroissement presque insignifiant des dépenses d'exploitation, parce que les trains ont généralement beaucoup de places vides et que les voyageurs en plus remplissent ces vides. Mais l'augmentation du transport des marchandises pondéreuses, à tarifs bas, augmente considérablement les dépenses d'exploitation.

Le coefficient d'exploitation est le rapport de la la dépense d'entretien et d'exploitation à la recette brute; pour une même voie ferrée, il diminue si la recette augmente. Quand on emploie la formule : $F = a + bR$, qui est très usitée, le nombre b doit être déterminé d'après la valeur du coefficient d'exploitation, valeur qui est variable; une formule qui convient pour une ligne à trafic faible, ne conviendra plus si les transports de marchandises pondéreuses prennent une grande extension. Il était donc rationnel de faire varier, dans une certaine mesure, la formule d'exploitation suivant l'importance du trafic, comme on l'a fait pendant les premières années qui ont suivi la promulgation de la loi de 1880, afin de tenir compte des variations que subit le coefficient d'exploitation à mesure que les recettes croissent. En employant, dans ce système le type $a + bR$. il faudrait, pour assurer la continuité des formules d'exploitation, faire varier a, en même temps que b; si par exemple, on admet le terme b_1R pour des recettes comprises entre 2.000 et 3.000 francs, correspondant à un coefficient d'exploitation d'environ 90 0/0, ensuite le terme b_2R pour des recettes comprises entre 3.000 et 4.000 francs, correspondant à un coefficient d'exploitation d'environ 80 pour 0/0, la valeur de a_2 sera calculée, en donnant à R la valeur 3.000 dans la formule :

$$a_1 + b_1 \text{R} = a_2 + b_2 \text{R}$$

ce qui donne :

$$a_2 = a_1 + 3.000\,(b_1 - b_2).$$

Le système consistant à faire varier la formule d'exploitation avec le trafic parait aujourd'hui complètement abandonné ; on préfère généralement établir cette formule de manière à ce que le second terme ne varie qu'avec R ; on adopte ainsi une formule unique, sans variation du coefficient de R, quelle que soit la valeur de la recette, pendant toute la durée de la concession ; en ce cas, il est logique de multiplier R par un nombre se rapprochant autant que possible de la valeur du coefficient d'exploitation auquel on peut espérer arriver ; mais il est difficile de prévoir, au moment où on rédige une convention, la valeur qu'aura le coefficient d'exploitation et d'ailleurs ce coefficient peut varier beaucoup pendant la durée de la concession ; il arrive donc assez fréquemment que la formule d'exploitation ne corresponde pas à la situation réelle ; quand elle a été établie en prévision d'un certain trafic, elle ne conviendra plus si le trafic réel diffère notablement du trafic prévu.

C'est le choix de la constante qui présente le plus d'importance pour les lignes à très faible trafic : ainsi la formule ancienne : $2.000 + \dfrac{\text{R}}{3}$ est plus avantageuse pour le concessionnaire que la formule $1.000 + \dfrac{3}{4}\,\text{R}$, tant que les recettes ne dépassent pas 2.400 francs ; elle est plus avantageuse pour lui que la formule fréquemment employée aujourd'hui : $1.000 + \frac{2}{3} R$, tant que la recette ne dépasse pas 3.000 francs par kilomètre et par an.

S'il s'agit, au contraire, d'une ligne où les recettes sont susceptibles d'un très notable accroissement, il convient d'intéresser le concessionnaire au développement du trafic par l'adoption d'une formule comportant un gros coefficient de R et à la réduction des dépenses par l'abandon d'une part importante de l'économie réalisée sur le maximum résultant de l'application de la formule. Dans le cas où le cofficient de R est trop faible, c'est-à-dire notablement inférieur au coefficient d'exploitation, une augmentation de recettes brutes, provenant de l'accroissement du transport des marchandises, entraînera généralement pour le concessionnaire une diminution de ses bénéfices ou une augmentation de ses pertes. N'est-il pas illogique que l'exploitant se trouve intéressé à ce que les recettes brutes de l'exploitation n'augmentent pas? Cette situation est préjudiciable à l'entreprise, puisqu'elle en limite l'avenir ; elle est également fàcheuse pour le département dont la subvention annuelle doit diminuer proportionnellement à l'augmentation des recettes, ainsi qu'au public, puisqu'elle est de nature à empêcher l'exploitant de consentir les avances de fonds nécessaires pour améliorer le service et développer le trafic. Si le coefficient de R est trop faible le concessionnaire se trouvera incité à refuser toute réduction des tarifs.

C'est pour éviter ces inconvénients qu'on a renoncé, dans ces dernières années, à employer les termes $\frac{R}{4}$ et même $\frac{R}{2}$; on a fréquemment adopté $\frac{2}{3} R$ pour le second terme de la formule d'exploitation et on a même admis $\frac{3}{4}$ R pour certaines lignes (voir la loi du 24 juin 1896 concernant les chemins de fer d'intérêt local de Villefranche à Tarare et à Monsols, et la loi du 3 avril 1901 autorisant plusieurs chemins de fer d'intérêt local dans le département du Tarn).

Le Conseil général du Jura a récemment adopté un traité tendant à substituer une formule en $\frac{3}{4}$ R à la formule en $\frac{2}{3}$ R, pour le maximum des dépenses d'entretien et d'exploitation pouvant être admises en compte; on pense arriver ainsi à augmentrr le trafic.

Dans sa session d'avril 1903, le conseil général de Seine-et-Oise a eu à se prononcer sur les propositions de plusieurs demandeurs en concession d'un réseau de 210 kilomètres de longueur. Les uns proposaient la formule $1.000 + \frac{2}{3}$ R et les autre la formule $750 + \frac{3}{4}$R, pour déterminer le maximum des frais annuels admis en compte. La constante 750 est relativement faible, parce que les tramways projetés doivent desservir des populations très denses, aux portes de Paris, et prolongeront des tramways de pénétration aboutissant aux halles, ce qui fait espérer un trafic important. Les ingénieurs ont fait observer que les deux formules fixaient à 3.000 francs de recette par kilomètre le point correspondant à l'égalité entre le maximum des frais annuels et les recettes brutes, c'est-à-dire le point à partir duquel il y aura certainement une part de bénéfices acquise au département. Sur leur proposition, le Conseil général de Seine-et-Oise a donné la préférence à la formule en $\frac{3}{4}$ R, parce qu'elle augmente l'intérêt qu'a le concessionnaire à faire les dépenses nécessaires pour que les recettes augmentent. Suivant l'usage, la convention comporte une prime d'économie pour le cas où les frais réels d'exploitation n'atteignent pas le maximum fixé par la formule et il importe que cette prime soit assez forte pour inciter le concessionnaire à exploiter aussi économiquement que possible.

En raison des restrictions prévues par les articles 13 et 36 de la loi du 11 juin 1880, qui impliquent plusieurs maxima, ou par suite des stipulations spéciales que peuvent renfermer les actes constitutifs de la concession, on ne peut apprécier exactement les conséquences d'une formule d'exploitation qu'en dessinant un graphique suivant les indications de la circulaire ministérielle du 26 septembre 1887 et en tenant compte des clauses financières du traité de concession.

M. l'Inspecteur général Considère s'est attaché à tenir compte des divers éléments du trafic en ajoutant à la constante de la formule d'exploitation divers termes qui attribuent des coefficients à la recette kilométrique des voyageurs, à celle des marchandises et à divers autres éléments. Ainsi, pour trois chemins de fer d'intérêt local du Finistère, la convention annexée à la loi du 5 avril 1898, détermine la formule d'exploitation de la manière suivante :

$$F = 740 \text{ fr.} + 0.13\, R_v + 0.25\, R_M + 0.008\, V_K + 0.022\, M_K$$
$$+ 0.20\, E + 0.32\, K_2 + 0.36\, K_3 + 0.40\, K_4.$$

Dans cette formule on représente par :

R_v la recette totale par kilomètre des voyageurs, impôts déduits ;

R_M la recette totale par kilomètre des marchandises, G. V. et P. V., impôts déduits ;

V_K le nombre par kilomètre de voyageurs kilométriques ;

M_K le nombre par kilomètre de tonnes kilométriquec P. V. ;

E le nombre par kilomètre d'expéditions en grande vitesse,

K_2, K_3, K_4, le nombre par kilomètre de trains kilométriques montés par 2, 3, 4 hommes.

Dans le calcul des tonnes kilométriques M_K, on compte : pour 8 tonnes les wagons complets de marchandises ne pesant pas 600 kg sous le volume d'un mètre cube, pour une tonne chaque tête de bête à corne ou de bête de trait, pour 2/5 de tonne chaque tête de veau ou de porc et pour 1/5 de tonne chaque tête de mouton ou de chèvre.

Les avantages qu'a fait ressortir M. Considère, dans son étude sur l'utilité des chemins de fer d'intérêt local sont très appréciables. Sa formule permet d'attribuer à la recette un coefficient beaucoup plus élevé pour les marchandises que pour les voyageurs, ce qui est rationnel, puisque l'augmentation du trafic des marchandises impose des frais considérables à l'exploitant. On a fait à ce système le reproche de présenter une grande complication ; plus les coefficients sont nombreux et plus leur détermination est laborieuse. Toutefois, la complication est plus apparente que réelle, car la comptabilité des compagnies, même de celles qui exploitent le plus économiquement, fournit tous les éléments nécessaires à l'application de cette formule. On peut d'ailleurs la simplifier beaucoup, ainsi que l'a proposé M. le conseiller d'Etat Colson, en la réduisant de 9 termes à 4 :

$$F = a + bR + cM_K + dK,$$

où R représente la recette totale, M_K le nombre des tonnes kilométriques de marchandises et K le nombre de trains kilométriques, le tout par kilomètre.

Cette formule à 4 termes se trouve dans la convention pour l'établissement du réseau de chemins de fer d'intérêt local de la Mayenne (loi du 16 décembre 1895), où la constante est égale à mille et les coefficients dans l'ordre des termes donnés ci-dessus, sont 1/3, 0,012 et 0,45 ; ainsi que dans la convention concernant le réseau des chemins de fer d'intérêt local des Côtes-du-Nord (loi du 21 mars 1900), où la constante est de 650 et les coefficients : 0,50, 0,012 et 0,40. La formule à 4 termes me paraît susceptible d'être employée avantageusement. Ses adversaires font observer qu'elle donne à peu près les mêmes résultats que la formule à deux termes pour les recettes auxquelles on est en droit de s'attendre, et qu'elle rend plus difficile la comparaison entre les offres des divers concurrents.

On peut indiquer comme type de formule à quatre termes :

$$F = a + b\mathrm{R}^{\mathrm{v}} + {}_c\mathrm{R}^{\mathrm{M}} + d\mathrm{K},$$

où R^{v} représente la recette voyageurs, R^{M} toutes les autres recettes et K les kilomètres de train, étant entendu qu'on admet une prime d'économie, ainsi qu'un partage des produits nets (1).

Depuis plusieurs années, la formule d'exploitation ne constitue plus un forfait. mais un maximum, c'est-à-dire que les dépenses d'entretien et d'exploitation sont comptées, chaque année à leur montant réel (sauf à allouer une prime d'économie), sans pouvoir dépas-

---

(1) L'emploi du terme dK permet de réduire le montant de la somme à allouer, par kilomètre, pour les trains prescrits par le Préfet.

ser le chiffre résultant de l'application de la formule inscrite dans la convention.

Subventions à accorder pour l'établissement de nouvelles lignes. — Actuellement, l'Etat ne subventionne la création et le fonctionnement d'un chemin de fer d'intérêt local, ou d'un tramway comportant le transport des marchandises, qu'en ce qui concerne la dépense du premier établissement et sous la condition que le concessionnaire prendra entièrement à sa charge l'exploitation et la fera à ses risques et périls.

Les chemins de fer d'intérêt local et les tramways rendent de grands services au public et augmentent généralement la prospérité et la richesse des régions desservies : il est donc logique que les pouvoirs publics leur accordent des subventions, pourvu qu'elles ne soient pas excessives. Dans son étude précitée sur les chemins de fer d'intérêt local de la Haute-Saône, M. l'ingénieur en chef Bouvaist fait observer que la dépense annuelle ou passif d'une ligne est représenté : 1° par les intérêts, amortissement compris, du capital C de premier établissement, soit $0,045 \times C$; 2° par la formule d'exploitation, soit $1000 + \dfrac{2\,R}{3}$; que d'un autre côté, l'actif sera : 1° la recette brute R ; 2° l'économie réalisée par le public sur les transports, qui est supérieure à la recette R, puisque le prix de transport sur rails est inférieur de plus de moitié au prix de transport sur route ; que si on admet cependant que l'économie ne dépasse pas le chiffre R, la fortune publique ne sera pas amoindrie, pourvu qu'il y ait égalité entre l'actif et le passif, c'est-à-dire que :

$$0,045\,C + 1000 + \frac{2\,R}{3} = 2\,R$$

ou que

$$C = 29{,}63\,R - 22{,}222\,;$$

d'où il suit qu'une subvention rationnelle peut attein·
dre au moins :   ·

52.200 fr. pour une recette brute annuelle de 2.500 fr.
66.700   —   —   3.000 fr.

Comme ces chiffres diffèrent peu du prix moyen de
la construction d'un kilomètre de voie ferrée emprun-
tant le sol des routes et chemins, on peut en conclure
qu'il est rationnel de garantir les frais de premier établissement d'un tramway dont le concessionnaire prend
l'exploitation à sa charge. D'ailleurs une entreprise de
transport se chargeant de l'exploitation à ses risques
et périls n'est viable que si le montant de la recette
brute est égal ou supérieur à celui des frais d'entretien
et d'exploitation. Ces considérations tendent à établir qu'il
est rationnel de subventionner ou garantir la construction, alors même que ces avances ne seraient pas destinées à être remboursées par suite d'un partage de
bénéfices. On doit cependant reconnaître que le prin-
cipe consistant à exiger que le concessionnaire prenne
l'exploitation entièrement à sa charge est de nature à
limiter considérablement dans l'avenir, le développement ou l'extension des lignes secondaires ; car beaucoup de lignes de chemins de fer ne font pas leurs frais
d'exploitation, surtout pendant les premières années et
il est probable qu'on a commencé par construire les
lignes les plus rémunératrices. Les résultats d'exploitation se sont ressentis récemment de charges ayant
eu pour effet d'augmenter considérablement les dépenses : hausse du prix des combustibles, diminution de
la durée du travail des agents, charges provenant du

service des retraites, nouvelle législation sur les accidents du travail, etc. Pour des entreprises qui sont liées par leur cahier des charges, fixant un maximum pour les tarifs, pendant toute la durée de la concession, et dont le produit net est faible, l'augmentation des charges peut supprimer complètement le bénéfice et priver les actionnaires de tout revenu, ce qui découragera les capitalistes et les portera à ne plus consacrer leurs fonds à la création de nouvelles lignes. Les appels à l'industrie privée ne réussiront plus, si on lui enlève l'espoir de réaliser des bénéfices.

On peut ajouter que l'augmentation des dépenses d'exploitation provenant de règlementations excessives serait également de nature à empêcher les capitaux de s'engager dans l'industrie des transports.

Construction des lignes par le département. — La construction de l'infrastructure, ou même de la totalité des travaux de premier établissement, par le département devient de plus en plus fréquente. Ce système présente, en effet, divers avantages, parmi lesquels on peut citer les suivants : 1° l'expérience montre que le jury d'expropriation est porté à allouer des indemnités plus fortes si elles doivent être payées par l'Etat ou par une compagnie concessionnaire que si elles sont à la charge du département ou des communes ; 2° le département n'a pas à craindre que, par suite d'une estimation trop élevée du maximum ou du forfait, il ait à payer une somme notablement supérieure à celle qu'exige en réalité la construction ; 3° les frais généraux et d'administration centrale sont peu élevés, quand le personnel des services de voirie suffit pour assurer une bonne exécution des lignes ; 4° le taux de négociation des emprunts est moins élevé pour un département que pour un concessionnaire ne jouissant pas de la garantie complète pour toutes les dépenses dûment justifiées qu'il aura faites pour la construction et pour l'exploitation. Tels sont les principaux arguments sur lesquels on se fonde pour déclarer que la construction directe d'un chemin de fer d'intérêt local par le département constitue la solution la plus économique et la plus sûre.

Ce système est également avantageux pour l'Etat, qui ne paie plus au maximum, qu'une annuité représentant 2 p. 0/0 du capital employé par le département à la construction, tandis que s'il s'agit d'un concessionnaire ayant payé les frais de premier établissement, l'Etat donne en général 2 1/2 p. 0/0, sous réserve des maxima fixés tant par la loi générale du 11 juin 1880 que par la loi déclarative d'utilité publique.

D'un autre côté, on peut dire que cette solution, en diminuant la subvention de l'Etat, tend à augmenter les charges du département ou celles du concessionnaire. D'ailleurs il peut arriver que la construction directe par le département l'oblige à la création d'un personnel spécial, ce qui augmenterait les dépenses. On peut ajouter : 1° que dans beaucoup de cas, les marchés spéciaux avec des fournisseurs ou les adjudications restreintes permettent aux concessionnaires de construire dans de meilleures conditions que l'administration forcée de recourir aux adjudications publiques ; 2° que le personnel du contrôle peut surveiller de manière à éviter les malfaçons, aussi bien quand il s'agit de concessionnaires que d'entrepreneurs directs ; 3° que l'administration est exposée à des demandes incessantes de modifications ou d'installations nouvelles, auxquelles elle pourrait moins facilement résister qu'un concessionnaire ; 4° que le concessionnaire peut escompter un bénéfice sur la construction pour se couvrir des déficits d'exploitation possibles, surtout pendant les premières années.

On avait objecté qu'un concessionnaire n'ayant pas eu à avancer les sommes nécessaires pour construire et armer les lignes, si elles sont faites aux frais et par les soins du département, ne se trouverait pas suffisamment engagé et pourrait ne pas entretenir convenablement la voie et le matériel roulant ; mais on verra ci-après que les conventions récemment approuvées ne donnent pas lieu à ces objections, attendu qu'elles obligent le concessionnaire à fournir une part du capital de premier établissement : cette participation du concessionnaire à la formation de ce capital constitue une garantie sérieuse et diminue le montant de l'emprunt à contracter par le département. Il n'en est pas moins vrai que, pour agir avec prudence, un département ne doit traiter qu'avec des concessionnaires ou sociétés dignes de toute confiance.

Le concessionnaire, qui doit exploiter et entretenir la ligne pendant toute la durée de la concession, a un grand intérêt à ce qu'elle soit parfaitement établie. Si elle doit être construite par le département, pourrait-on stipuler, dans la convention, que le concessionnaire aura la faculté, en cas de désaccord sur les conditions de la construction, de déférer dans un délai déterminé la décision du Préfet au Ministre des travaux publics ? C'est ainsi qu'il est dit, à l'article 11 de la convention régissant les chemins de fer des Côtes-du-Nord (loi du 21 mars 1900) que si la société concessionnaire n'accepte pas la livraison des ouvrages, il en sera référé au Ministre des travaux publics, qui statuera sans recours.

Clauses spéciales adoptées pour certaines concessions. — Le chemin de fer métropolitain de Paris a été déclaré d'utilité publique, comme ligne d'intérêt local, par la loi du 30 mars 1898. Son régime consiste en une association entre la Ville de Paris, qui construit à ses frais l'infrastructure (y compris les quais des stations) et la compagnie concessionnaire qui pose la voie, arme le réseau, établit les accès des stations, fournit le matériel fixe et roulant et fait l'exploitation avec traction électrique. Le tarif des voyageurs pour un trajet quelconque sur les diverses lignes du réseau concédé à cette compagnie, est fixé à 25 centimes en 1re classe et à 15 en seconde. La part de la Ville, qui est destinée à couvrir les charges des emprunts contractés pour payer la construction, consiste dans le prélèvement de 5 centimes par billet de 2e classe et de 10 centimes par billet de 1re classe ; le prélèvement à faire sur les recettes par la Ville sera augmenté à partir de 140 millions de voyageurs.

Dans le cas où la continuation de l'exploitation d'une voie ferrée serait confiée à une société d'affermage, il conviendrait, à mon avis, d'attribuer une part des produits nets (positifs ou négatifs) à la société fermière et le surplus de ces produits au pouvoir concédant : de cette manière, le pouvoir concédant serait intéressé, comme la société fermière, à l'augmentation de la recette brute et à la diminution des frais d'exploitation, ce qui constituerait une garantie contre des exigences peu justifiées.

Les chemins de fer coloniaux ne sont pas soumis à la loi du 11 juin 1880 ; ainsi par exemple, il est admissible, pour ces lignes, que le montant des obligations émises s'élève au double du capital-actions ; qu'un délai d'option compté à partir de la date du décret approuvant la concession, soit accordé à la compagnie pour faire savoir au Ministre si elle en accepte définitivement les conditions ; qu'en outre du droit de percevoir les tarifs, la compagnie soit autorisée à s'établir sur certains terrains déterminés et à y exercer tous droits de jouissance et d'exploitation, etc.

Résumé des principales conditions admises dans diverses conventions récemment approuvées. — Comme les actes joints aux lois ou décrets déclarant l'utilité publique renferment toutes les indications utiles à consulter pour ceux qui ont à s'occuper de la rédaction d'actes de ce genre, je me bornerai à analyser sommairement les principales dispositions de quelques conventions récentes, notamment des deux suivantes : celle des tramways de la Charente-Inférieure (décret du 22 décembre 1900) correspondant au cas où les travaux de premier établissement sont exécutés par le concessionnaire, sur série de prix ; et la convention concernant un réseau de chemins de fer d'intérêt local dans la Haute-Saône (loi du 7 juillet 1900) qui correspond au cas où les lignes sont construites par le département.

Pour les tramways de la Charente-Inférieure, la compagnie se charge d'exécuter tous les travaux nécessaires pour construire et armer les lignes, sous la réserve que si le département jugeait nécessaire de mettre des clôtures (1) en dehors des stations et haltes, il

---

(1) Pour les chemins de fer d'intérêt local du Tarn (loi du 3 avril 1901), il est stipulé que, si le département exige des clôtures, par application de l'article 20 du cahier des charges, il aura à en supporter les frais d'établissement.

ne supporterait les frais. La convention spécifie le matériel roulant qui devra être fourni et faire gratuitement retour au pouvoir concédant en fin de concession. Les travaux et fournitures seront comptés d'après les quantités réellement faites et aux prix unitaires d'une série qui est jointe à la convention et qui s'applique à 50 natures d'ouvrages. Les acquisitions de terrains seront comptées d'après les dépenses réelles. Des majorations spéciales pour frais d'administration et avances de capitaux sont stipulées pour les diverses dépenses ; en outre, l'ensemble des dépenses doit être majoré de 1 1/2 p. 0/0. pour frais de constitution du capital-actions ou de réalisation des emprunts. En tout cas, quoi qu'il arrive, le montant total du capital d'établissement admis en compte, ne pourra pas dépasser un maximum fixé pour chaque ligne, y compris les majorations dont il vient d'être parlé. Dans le cas où ces chiffres maxima ne seraient pas atteints, les dépenses d'établissement de chaque ligne seraient respectivement augmentées, à titre de prime d'économie, de la moitié de l'écart entre le maximum correspondant et le montant de la dépense justifiée. La compagnie reçoit, au moyen d'acomptes mensuels, les quatre cinquièmes de ces dépenses ; elle fournit, au moyen de son capital actions et obligations, le cinquième du capital d'établissement. Le département paie chaque année à la compagnie les intérêts à 4 p. 0/0 de la somme constituant ainsi sa part contributive dans les dépenses d'établissement, plus l'amortissement. L'exploitation est faite aux risques et périls de la compagnie, quelles que soient les recettes. Les frais kilométriques d'exploitation, portés en compte chaque année, ne peuvent excéder le maximum résultant de la formule :

$F = 1.200 + 0,6$ R, s'appliquant à un nombre de trains fixé comme il suit, par jour et dans chaque sens, pour l'ensemble du réseau (1) : 3 trains pour une recette kilométrique inférieure à 5.000 francs, 4 pour une recette comprise entre 5.000 et 6.500 francs, et ainsi de suite à raison d'un train pour chaque augmentation de recette de 1.500 francs. Chaque kilomètre de trains exigé en sus par le préfet serait porté en compte à raison de 50 centimes et le produit en serait ajouté au maximum fixé par la formule d'exploitation. Il sera fait masse des recettes de toutes les lignes. Quand les dépenses réelles n'atteindront pas le maximum donné par la formule d'exploitation, elles seront majorées, à titre de prime d'économie, des 2/3 de l'écart entre ce maximum et le montant des dépenses réelles. Quand les recettes seront inférieures aux dépenses ainsi calculées, les insuffisances seront à la charge de la compagnie jusqu'au moment où elles pourront lui être remboursées comme il est dit ci-après : quand les recettes seront supérieures aux dépenses, l'excédent sera d'abord appliqué à couvrir les insuffisances des exercices précédents, sans intérêts. Le surplus sera versé annuellement au département pour venir en déduction des charges du capital de premier établissement ; toutefois, si ce surplus représentait plus de 4 p. 0/0 du montant des dépenses de premier établissement, l'excédent serait partagé par moitié entre le département et la compagnie. Le compte d'établissement du second réseau pourra être augmenté des

(1) C'est principalement sur les sections les plus fréquentées qu'il convient d'augmenter le nombre des trains ; on obtiendra ainsi plus de recettes et on satisfera mieux le public qu'en faisant circuler de bout en bout tous les trains supplémentaires, sansexception. (Voir ce qui a été dit ci-dessus au sujet de l'article 32 du cahier des charges des chemins de fer d'intérê local).

dépenses qui seront faites postérieurement à la réception des lignes pour travaux complémentaires ou acquisition de matériel roulant, etc., sans que les sommes ainsi ajoutées puissent excéder 3.000 francs par kilomètre, le maximum des travaux complémentaires restant fixé pour le premier réseau à 5.000 francs par kilomètre ; les capitaux nécessaires seront fournis par la compagnie, qui sera autorisée à prélever sur les recettes nettes, avant le versement au département des excédents dus, l'intérêt à 4 p. 0/0 des dépenses ainsi faites et l'amortissement dans le temps restant à courir sur la concession. Un fonds de réserve de 2.500 francs par kilomètre, destiné à garantir le remplacement en temps utile de la voie et du matériel roulant, sera constitué à partir de la cinquième année d'exploitation de la totalité des lignes, au moyen d'un versement de 150 francs pour une recette nette kilométrique inférieure à 300 francs, et de versements variant entre 175 et 300 francs, gradués suivant l'importance de la recette nette. Ce versement sera obligatoire jusqu'à ceque le fonds de réserve de 2.500 ait été constitué ou jusqu'à ce qu'il ait été complété de nouveau, lorsque la compagnie l'aura entamé pour l'exécution des travaux de renouvellement ; il est entendu que les dépenses de renouvellement exécutées pendant un exercice seront prélevées sur le versement constitutif du fonds afférent à cet exercice. Les revenus de ce fonds de réserve seront touchés par la compagnie et le fonds lui-même lui sera remis, en fin de concession, sauf prélèvements pour travaux faits par l'administration conformément au cahier des charges. Si à la fin de la concession, les insuffisances de l'exploitation n'avaient pas été couvertes, la compagnie aurait le droit de prélever sur la

part du fonds de réserve appartenant au département
le montant des insuffisances qui pourraient lui être
dues. La validité de la convention est subordonnée à
la déclaration d'utilité publique et à l'obtention par
le département des subventions de l'Etat au taux maxima résultant de la loi du 11 juin 1880. La compagnie s'engage à n'employer que du personnel français
et du matériel fixe et roulant de provenance française.
Le cautionnement est calculé à raison de 500 francs
par kilomètre.

L'examen du traité régissant les lignes de la Charente-Inférieure me suggère quelques critiques de
détail : la formule $F = 1.200 + 0,60\,R$ ne me paraît
pas intéresser suffisamment le concessionnaire au
développement du trafic ; — la question des travaux
complémentaires sera examinée ci-après, au cours des
observations concernant la convention des chemins de
fer du Tarn ; — les trains pouvant être exigés en sus
par le préfet sont insuffisamment payés à raison de
cinquante centimes, d'autant plus que ces cinquante
centimes viennent s'ajouter à la formule du maximum ;
dans diverses conventions, on a admis 70 centimes (1) ;
le fonds de renouvellement ne pourrait pas être constitué, s'il n'y avait pas de produit net.

Dans les conventions concernant l'établissement d'un
tramway à traction électrique, il peut être utile pour
le concessionnaire de spécifier qu'il aura la faculté de
se procurer auprès des tiers l'énergie nécessaire à

____

(1) Il pourrait être stipulé, dans la convention, que la somme allouée
pour les trains prescrits par le Préfet sera mandatée au profit du concessionnaire et que les sommes ainsi encaissées figureront dans la recette R,
pour la fixation du maximum des frais annuels d'entretien et d'exploitation.

l'exploitation de la ligne (voir la convention jointe au décret du 14 juin 1902, pour la concession du tramway et funiculaire entre Royat et le Puy-de-Dôme).

Pour certaines concessions, telles que celle des lignes du Finistère (voir la loi du 5 avril 1898), il est stipulé que la compagnie conservera la totalité de la recette des colis postaux, des buffets, bibliothèques, publicité, affichage, factage, camionnage, location et en général, toutes les recettes qui ne peuvent être considérées ni comme recettes voyageurs ni comme recettes marchandises.

Les lois ou décrets déclaratifs d'utilité publique fixent le maximum du capital de premier établissement pour chaque ligne et le maximum de la charge annuelle pouvant incomber au Trésor ; il y est dit que le montant de la subvention annuelle du Trésor sera calculé sur les bases fixées à la convention, pour les frais d'exploitation et l'intérêt à servir pour le capital fourni par la compagnie ; que dans tous les cas où le département participerait aux recettes de l'exploitation, l'Etat viendra, au prorata de sa subvention, en partage des bénéfices réalisés par le département ; enfin, qu'il est interdit à la compagnie, sous peine de déchéance, d'engager son capital, directement ou indirectement dans une opération autre que la construction ou l'exploitation des lignes concédées, sans y avoir été préalablement autorisée par un décret rendu en Conseil d'Etat. Il faut noter que le paiement des subventions de l'Etat n'est dû qu'à partir de la mise en exploitation.

Il convient de dire, dans les conventions, si la mise en exploitation se fera par ligne, ou si elle pourra être exigée par sections, et de spécifier la partie dont la mise en exploitation fera courir la subvention ou la garantie.

On pourra observer que d'après la convention pré-citée des tramways de la Charente-Inférieure, la compagnie concessionnaire exécute la construction des lignes, mais que le département lui rembourse les quatre cinquièmes des dépenses de premier établissement.

Je crois devoir donner un extrait des articles 5, 6 et 8 de la convention régissant les chemins de fer d'intérêt local du Tarn (loi du 3 avril 1901) :

Article 5. — Remboursement des dépenses d'établissement. — Pour rembourser le concessionnaire des dépenses admises en compte, il lui sera payé une fois par mois des acomptes... jusqu'à concurrence des trois quarts des dépenses correspondantes, lesquelles seront constatées par des états de situation approuvés par l'administration, sans que la totalité de ces acomptes puisse dépasser, par ligne, les trois quarts des maxima fixés par la convention. Après la réception définitive, le département paiera au concessionnaire la somme nécessaire pour parfaire, avec les acomptes déjà payés les trois quarts des dépenses admises en compte.

Art. 6. — Participation du concessionnaire. — Le quatrième quart des dépenses admises en compte sera fourni par le concessionnaire. Le département lui en paiera chaque année les intérêts au taux de l'emprunt que le département contractera lui-même, sans toutefois que le taux alloué au concessionnaire puisse dépasser 3,60 pour cent (1) ; ces intérêts seront augmentés de l'amortissement pendant le temps restant à courir depuis l'époque moyenne où les retenues fixées

____

(1) Dans diverses conventions, on a adopté le taux de 4 0/0.

à l'article 5 auront été effectuées jusqu'à l'expiration de la concession. Les paiements se feront par semestre.....

Article 8. — Travaux complémentaires. — Postérieurement à la clôture du compte de premier établissement, il pourra être ouvert un compte de travaux complémentaires pour les dépenses telles que création de gares nouvelles, agrandissement de gares, pose de secondes voies ou voies de garage et acquisitions du matériel roulant ; ces dépenses seront faites par le concessionnaire en vertu d'une décision du Conseil général, sans qu'elles puissent excéder 5.000 francs par kilomètre. Les capitaux nécessaires seront fournis par le concessionnaire, qui sera autorisé à prélever sur les recettes nettes les intérêts au taux stipulé à l'article 6, plus l'amortissement au même taux, pour le temps restant à courir sur la concession, des dépenses régulières constatées par l'administration. En cas de déchéance, aucun remboursement ne sera dû au concessionnaire pour les parties non amorties de ces capitaux.

Ce prélèvement sur les recettes nettes préserve le pouvoir concédant de l'augmentation de charges financières provenant de l'accroissement du capital de premier établissement, pendant la durée de la concession, suivant les besoins de l'exploitation ; mais il peut être fort désavantageux pour le concessionnaire, dans le cas où les recettes brutes seraient inférieures ou même peu supérieures aux frais d'entretien et d'exploitation, notamment si l'administration montrait, quelles que fussent les recettes, de grandes exigences pour l'exécution de travaux complémentaires et l'extension du matériel roulant ; pendant les dernières années de la concession, le taux de l'annuité à servir au concessionnaire serait si élevé qu'il serait à craindre que la part de recettes nettes revenant au département ne fût pas suffisante pour amortir le capital avancé par le concessionnaire.

En vue d'atténuer ces risques, il a été dit, pour les tramways de Seine-et-Oise concédés à titre provisoire en avril 1903, que le montant des annuités à servir au concessionnaire pour travaux complémentaires et devant être prélevé sur les recettes nettes, serait, à défaut de ces recettes, porté à un second compte d'attente, ne différant du premier (constitué par les insuffisances) qu'en ce qu'il serait productif d'intérêts au taux de 4 0/0. Il est clair que des dispositions de ce genre ne seront efficaces que si le réseau donne, après un temps plus ou moins long, un produit net suffisant. Pour les chemins de fer d'intérêt général, les dépenses pour travaux complémentaires régulièrement autorisés sont ajoutées au compte de premier établissement.

Pour les chemins de fer d'intérêt local de la Haute-Saône (loi du 7 juillet 1900), la construction est faite par le département, qui, après avoir mis les lignes en état d'exploitation, en fait la remise à la compagnie générale des chemins de fer vicinaux ; les principales conditions du traité de concession sont résumées ci-après.

Les projets définitifs sont arrêtés, le concessionnaire entendu, sans que ce dernier puisse élever de réclamations au sujet des dispositions finalement adoptées. L'entretien de la ligne est à la charge du concessionnaire à partir de la date du procès-verbal contradictoire de livraison. Le département prendra à sa charge,

à l'avenir, les travaux complémentaires qu'il jugera
nécessaires, par suite du développement du trafic ; ces
travaux seront arrêtés d'un commun accord avec le
concessionnaire et dans le cas où cet accord ne pourrait pas s'établir, les travaux complémentaires à exécuter seront déterminés par le Ministre des Travaux
publics.

Le concessionnaire fournira et entretiendra à ses
frais le matériel roulant et le matériel des stations et
des ateliers ; la valeur de ces matériels ne dépassera,
en aucun cas, 8.500 francs par kilomètre de ligne. Si
au cours de la concession, le développement du trafic
exige une augmentation du matériel, le concessionnaire
sera tenu de fournir à ses frais le matériel supplémen-
taire, sans que le département ait à lui payer l'intérêt
de la dépense qui en résultera ; mais ce matériel sup-
plémentaire restera la propriété du concessionnaire à
l'expiration de la concession.

Le concessionnaire participera aux frais d'établissement des chemins de fer d'intérêt local pour une somme
de 12.000 francs par kilomètre, applicable d'abord à
la totalité du matériel à fournir par lui et pour le surplus à une partie des travaux de construction exécutés
par le département. Le solde de cette somme, après
prélèvement du prix du matériel roulant, sera versé à
la caisse du département dans le mois qui suivra la
mise en exploitation. Le concessionnaire touchera,
pendant toute la durée de la concession, une annuité
de 4.20 0/0 du capital avancé par lui, comme intérêt
et amortissement.

Il sera fait masse des recettes et des dépenses des
diverses lignes concédées ; le concessionnaire les
exploitera à ses risques et périls, quelles que soient les

recettes. Sur la recette brute kilométrique R de l'exploitation, impôts déduits, le concessionnaire prélèvera ses frais d'entretien et d'exploitation F, constitués par les dépenses réellement faites, majorées de 10 0/0 pour frais d'administration centrale. Ces frais ne pourront jamais excéder le chiffre maximum résultant de la formule :

$$F = 1.000 + \frac{2\,R}{3}$$

Quand les frais d'exploitation n'atteindront pas ce maximum, ils seront majorés, à titre de prime d'économie en faveur du concessionnaire, des deux tiers de l'écart entre leur montant et ce maximum.

Quand les recettes seront inférieures aux dépenses, les insuffisances seront à la charge du concessionnaire jusqu'au moment où elles pourront lui être remboursées comme il est dit ci-après. Quand les recettes seront supérieures aux dépenses calculées comme il vient d'être dit, l'excédent, après toutefois prélèvement de la prime d'économie, sera d'abord appliqué à couvrir les insuffisances des exercices précédents, sans intérêt. Le surplus appartiendra au département.

Un fonds de renouvellement de 2.000 francs par kilomètre, destiné à garantir le remplacement en temps utile de la voie et du matériel, sera constitué dans un délai maximum de 15 ans. Le concessionnaire sera autorisé à prélever le montant des versements faits par lui, pour constituer ce fonds, sur les économies réalisées dans les dépenses réelles d'entretien et d'exploitation, au-dessous du maximum $1.000 + \frac{2\,R}{3}$ et à ajouter ce montant aux dites dépenses dans les comptes d'exploitation. Les versements deviendront

obligatoires à dater de la sixième année. Ce fonds restera la propriété du concessionnaire qui en touchera les
intérêts pendant la concession ; mais il sera à la disposition du département pour assurer d'office le bon
entretien de la voie et du matériel, en cas de défaillance
du concessionnaire.

Le matériel devra être entièrement fourni dans le
délai prévu par le cahier des charges pour la mise en
exploitation des lignes, sous réserve que l'approbation
des types aura été donnée au moins un an avant l'expiration de ce délai.

Le concessionnaire s'engage à n'employer que du
matériel construit en France et des agents de nationalité
française, sauf autorisation particulière qui pourrait
lui être accordée par le préfet, mais seulement en ce
qui concerne le personnel.

Pour un chemin de fer d'intérêt local ou tramway,
construit par les soins du département, on pourrait
ajouter aux clauses mentionnées ci-dessus et appliquées
dans la Haute-Saône, quelques-unes des conditions,
qui ont été indiquées plus haut, notamment : l'entretien des terrassements et des ouvrages pendant les
premiers temps qui suivent la mise en exploitation.

*Participation des communes aux frais d'établisse-
ment d'un tramway.* — Il paraît juste d'appeler les
communes intéressées à prendre à leur charge une
part des dépenses qu'impose au département l'établissement d'un réseau départemental de tramways ; les
dispositions adoptées en ce sens par le Conseil général
de Seine-et-Oise, en session d'avril 1903, sur les propositions de M. l'ingénieur en chef Moron, sont les
suivantes :

Cette assemblée départementale a fixé la subvention

maxima du département aux 3/4 de l'annuité correspondant aux dépenses totales de premier établissement, après déduction de la contribution de l'Etat, le quatrième quart devant être fourni par les communes (1) et les délibérations des conseils municipaux, pour le vote de leur annuité kilométrique, ne devant renfermer aucune réserve susceptible de créer des équivoques ou des surprises dans l'avenir. La subvention demandée à l'Etat n'est que de mille francs par kilomètre et par an, attendu qu'un département ne peut pas recevoir plus 400.000 francs par an et que le Conseil général veut conserver des disponibilités pour se réserver les moyens d'ajouter dans l'avenir d'autres lignes à celles qu'il a déjà concédées et à celles qui font l'objet de la délibération d'avril 1903. Les demandeurs en concession se contentent d'un taux de 3 0/0 pour intérêt et amortissement de leurs avances (durée de concession de 50 ans), étant entendu qu'ils préléveront, en outre, 1 0/0 sur les recettes éventuelles, sans aucune garantie du département; en cas d'insuffisance des recettes, cette annuité de 1 0/0 serait portée à un compte d'attente productif d'intérêts à 4 0/0 ; en fin de concession, le solde de ce compte d'attente restera à la charge des concessionnaires. Après extinction des comptes d'attente, le surplus du produit net sera attribué 4/5 au département et 1/5 aux concessionnaires.

L'exploitation sera faite à leurs frais, risques et

---

(1) La participation des communes est, dans ce cas, d'environ 15 0/0. Dans le Tarn, le Conseil général l'a fixée à environ 5 0/0 du capital de premier établissement. Il serait important de charger les communes de l'achat des terrains, sauf à leur allouer une prime, en leur payant une somme, fixée à forfait et supérieure à la valeur réelle présumée des terrains.

périls. La longueur du réseau a été évaluée à 210 kilomètres, en admettant une majoration possible du nombre de kilomètres de l'avant-projet, à la suite des études définitives. Le capital de premier établissement est estimé à 64.500 francs par kilomètre (voie de 1 m. 44, rails de 23 kg., traverses en chêne, machines de 20 tonnes à vide, raccordements avec les gares des grands réseaux) ; les 3/4 doivent être payés par le département et le quatrième quart par les concessionnaires, avec un intérêt à 3 0/0. Les trois quarts de 64.500 francs représentent 48.375 francs correspondant, au taux approximatif d'au plus 4,50 0/0 (intérêt et amortissement) à une annuité approximative de 2.176 francs, à laquelle il faut ajouter l'intérêt à 3 0/0 du quatrième quart, soit 483 francs. Le total de l'annuité ressort donc à 2.660 francs, il faut en déduire mille francs pour la subvention de l'Etat ; reste pour le département et les communes une annuité d'environ 1.660 francs, par kilomètre et par an, se répartissant ainsi :

3/4 pour le département	1.245 fr.
1/4 à répartir entre les communes intéressées	415 fr.
Total. . . .	1.660 fr.

par kilomètre et par an, pendant cinquante ans..

Utilité des lignes d'intérêt local. — Dans son étude précitée sur les chemins de fer d'intérêt local de la Haute-Saône, M. l'Ingénieur en chef Bouvaist donne le calcul suivant, en partant d'un prix kilométrique (voie d'un mètre, rails de 20 kg.), de 50.000

le concessionnaire fournit 12.000

le département avance à 4,25 0/0, y compris l'amortissement en 50 ans. 38.000

Le département de la Haute-Saône paie au concessionnaire 4,20 0/0 de son avance, amortissement compris, soit sur 12.000 francs   504

L'annuité de l'emprunt, à 4,25 0/0, s'élève pour 38.000 francs, à . .   1.615

2.119 fr.

L'Etat rembourse au département
2,10 0/0 sur 12.000 francs. .   252
2 0/0 sur 38.000 francs . . .   760

1.012 fr.

Reste donc définitivement à la charge du département . . . .   1.107 fr.

par kilomètre et par an. M. Bouvaist ajoute qu'un kilomètre de chemin de grande communication coûte au moins 15.000 francs ; que pendant la période d'amortissement de ce capital, supposée la même pour rendre comparables les deux espèces de voies de communication, on aurait à prévoir une annuité de $15.000 \times 0,0425$ 637

et qu'on doit y ajouter pour l'entretien, tous frais compris.   350

Total   987

d'où il résulte que le kilomètre de chemin de fer ne coûtera par an et pendant la période d'amortissement que 120 francs de plus que le kilomètre de chemin vicinal de grande communication, dont les frais d'entretien resteront toujours à la charge des contribuables du département.

Un chemin de fer rend beaucoup plus de services qu'un chemin vicinal ; car on peut admettre qu'une tonne de marchandises, un voyageur dont les transports coûtent respectivement 0 fr. 40 et 0 fr. 30 sur une route ne couteront plus que 0 fr. 08 à 0 fr. 12 et 0 fr. 05 à 0 fr. 06 sur un chemin de fer, qui présente, en outre, l'avantage d'opérer les transports beaucoup plus rapidement. Le calcul exposé à l'alinéa précédent tend donc à établir qu'un département doit poursuivre le développement de ses chemins de fer d'intérêt local, alors même qu'il en résulterait un ralentissement pour la construction du réseau vicinal. Mais l'extension de ces chemins de fer me paraît beaucoup plus limitée que celle des chemins de grande communication ; je ferai observer que le calcul précité suppose : 1° que l'Etat accordera son concours financier ; 2° que les recettes du chemin de fer seront suffisantes pour couvrir toutes les charges de l'exploitation. Or l'article 14 de la loi du 11 juin 1880 porte que la charge annuelle imposée au Trésor ne peut, en aucun cas, dépasser quatre cent mille francs pour l'ensemble des chemins de fer d'intérêt local et des tramways situés dans le même département. D'un autre côté, on ne peut pas espérer que ces lignes seront toutes rémunératrices ; on peut craindre que la situation se trouve aggravée, avant la fin de la concession, par les exigences relatives aux conditions du travail, l'augmentation des prix du charbon ou d'autres circonstances imprévues ; une compagnie sérieuse et solvable sera donc peu disposée à consacrer ses capitaux à une entreprise de voie ferrée, si l'importance du trafic à espérer est douteuse et si la concession comporte l'engagement de prendre à sa charge l'exploitation quelles que doivent être les recettes. Alors même qu'une concession a été acceptée avec cet engagement, le département ne peut compter d'une manière absolument certaine sur l'efficacité du traité, attendu que l'accomplissement des conditions acceptées par un concessionnaire téméraire est subordonné à la vitalité de l'entreprise et qu'il est à craindre que le concessionnaire ne puisse pas tenir ses engagements si la dépense d'exploitation et d'entretien est notablement supérieure à la recette brute. En présence d'un déficit persistant et auquel il ne paraît pas possible de remédier, la société concessionnaire pourra tout abandonner et le pouvoir concédant ne pourra agir contre elle qu'en demandant au Ministre l'application des pénalités prévues au cahier des charges. Il est vrai que si le Ministre prononce la déchéance et si le recours de la société contre cette décision est rejeté par le Conseil d'Etat, le cautionnement sera confisqué ; mais la continuation de l'exploitation, après mise sous séquestre, occasionnera, un déficit à l'administration et l'expérience ayant démontré que les conditions imposées par le traité de concession sont trop onéreuses, les adjudications prévues à l'article 37 du cahier des charges type pour les chemins de fer d'intérêt local, ou à l'article 41 du règlement d'administration publique pour les tramways ne produiront aucun résultat et la voie ferrée appartiendra à l'autorité qui a fait la concession. Comme le public tient à ne pas être privé des avantages que lui procure le fonctionnement d'une voie ferrée, alors même qu'elle n'est pas rémunératrice, le pouvoir concédant devra faire encore des sacrifices pour qu'un nouveau concessionnaire se charge de reprendre et de maintenir l'exploitation. On peut donc dire que le traité concédant un chemin de fer d'intérêt local ou un tramway, quelles que soient les clauses insérées dans ce traité, ne donnera des résultats durables que si le total obtenu en ajoutant, pour l'ensemble du réseau concédé, à la recette brute, impôts déduits, les subventions ou autres ressources dont le concessionnaire peut disposer, est assez élevé pour lui permettre de faire face aux dépenses d'entretien et d'exploitation.

———

réseau concédé, à la recette brute, impôts déduits, les subventions ou autres ressources dont le concessionnaire peut disposer, est assez élevé pour lui permettre de faire face aux dépenses d'entretien et d'exploitation.

ANNEXES COMPLÉMENTAIRES

**Documents officiels concernant les chemins de fer d'intérêt
local et les tramways.**

**LOI DU 17 JUILLET 1883 ayant pour objet de rendre exécu-
toire en Algérie la loi du 11 juin 1880 sur les chemins de
fer d'intérêt local et les tramways.**

Article unique. — La loi du 11 juin 1880, sur les chemins de fer d'intérêt local et les tramways, est rendue exécutoire en Algérie, à l'exception de
l'article 31 et moyennant les modifications apportées aux articles 12 et 34 ci-
après, savoir :

Art. 12. — Les ressources créées en vertu du décret du 5 juillet 1854 et
celles qui pourront être créées en vertu de lois et décrets postérieurs pour
l'établissement des chemins vicinaux pourront être appliquées, en partie, à
la dépense des voies ferrées, par les communes qui auront assuré l'exécution
de leur réseau subventionné et l'entretien de tous les chemins classés.

Art. 34. — Les concessionaires de tramways ne sont pas soumis à l'impôt
des prestations établi par l'article 4 du décret du 5 juillet 1854, à raison
des voitures et des bêtes de trait exclusivement employées à l'exploitation du
tramway.

Les départements ou les communes ne peuvent exiger des concessionnaire
une redevance ou un droit de stationnement qui n'aurait pas été stipulé
expressément dans l'acte de concession.

**LOI concernant l'Établissement des Conducteurs d'énergie
électrique autres que les Conducteurs télégraphiques et téléphoniques.**

(Du 25 juin 1895).

(Promulguée au *Journal officiel* du 26 juin 1895).

Le Sénat et la Chambre des députés ont adopte,
Le Président de la République promulgue la loi dont la teneur suit :

Art. premier. En dehors des voies publiques, les conducteurs électriques qui
ne sont pas destinés à la transmission des signaux et de la parole et auxquels

le décret-loi du 27 décembre 1851 n'est pas dès lors applicable, pourront être établis sans autorisation ni déclaration.

Art. 2. — Les conducteurs aériens ne pourront être établis dans une zone de dix mètres en projection horizontale de chaque côté d'une ligne télégraphique ou téléphonique, sans entente préalable avec l'administration des postes et des télégraphes.

En conséquence, tout établissement de conducteurs dans les conditions du paragraphe précédent devra faire l'objet d'une déclaration préalable adressée au préfet du département et au préfet de police dans le ressort de sa juridiction. Cette déclaration sera enregistrée à sa date et il en sera donné récépissé. Elle sera communiquée sans délai au chef du service local des postes et télégraphes et transmise par les soins de ce dernier à l'administration centrale.

Le département des postes et des télégraphes devra notifier, dans un délai de trois mois à partir de la déclaration, l'acceptation du projet présenté ou les modifications qu'il réclame dans l'établissement des conducteurs aériens.

En cas de non-entente, les conducteurs aériens seront établis conformément à la décision du ministre du commerce, de l'industrie, des postes et des télégraphes et après avis du comité d'électricité visé par l'article 6 ci-dessous.

En cas d'urgence et en particulier dans le cas d'installation temporaire, le délai de trois mois prévu au troisième paragraphe du présent article pourra être abrégé.

Art. 3. — Le ministre après avis du comité d'électricité, détermine les modifications à apporter, pour garantir les lignes, aux conducteurs existant actuellement dans la zone ci-dessus, et cela sous réserve des droits qui pourraient être acquis. Le département des postes et des télégraphes avisera, dans un délai de six mois au plus à partir de la promulgation de la présente loi, les exploitants dont les conducteurs devraient être modifiés. Ceux qui font usage de ces conducteurs sont tenus de se conformer aux prescriptions ministérielles dans un délai maximum d'un an à partir d'une mise en demeure adressée par le département des postes et des télégraphes.

Art. 4. — Aucun conducteur ne peut être établi au-dessus ou au-dessous des voies publiques sans une autorisation donnée par le préfet, sur l'avis technique des ingénieurs des postes et des télégraphes, et conformément aux instructions du ministre du commerce, de l'industrie, des postes et des télégraphes.

Art. 5. — Les dispositions ci-dessus ne concernent pas les installations de conducteurs d'énergie électrique faites pour les besoins de leur exploitation par les administrations de l'Etat ou par les entreprises de services publics soumises au contrôle de l'administration.

Les projets de ces installations électriques ainsi que toutes les modifications qui y sont apportées devront, sauf lorsqu'ils concerneront les chemins de fer et les voies navigables, être soumis à l'approbation du ministre des postes et des télégraphes, après examen en conférence par les services intéressés.

Art. 6. — Il sera formé près le ministère du commerce, de l'industrie, des postes et des télégraphes, un comité d'électricité permanent, composé, pour une moitié, de représentants professionnels des grandes industries électriques de France ou des industries faisant usage des applications de l'électricité.

Les membres de ce comité et son président seront nommés par le ministre. Le président sera choisi en dehors des membres du comité.

Le comité d'électricité donnera son avis sur les règles générales applicables dans les cas visés aux articles 4 et 5 ci-dessus et sur toutes les questions qui lui seront soumises par le ministre.

ART. 7. — Touté installation électrique devra être exploitée et entretenue de manière à n'apporter, par induction, dérivation ou autrement, aucun trouble dans les transmissions télégraphiques ou téléphoniques par les lignes préexistantes.

Lorsque l'installation exigera, dans ce but, le déplacement ou la modification des lignes télégraphiques ou téléphoniques préexistantes, le comité d'électricité sera consulté conformément aux articles 2, 3 et 6 ci-dessus. Les frais nécessités par ces déplacements ou modifications seront à la charge de l'exploitant.

ART. 8. — Quiconque aura contrevenu aux dispositions de la présente loi ou des règlements d'exécution sera, après une mise en demeure non suivie d'effet, puni des pénalités portées à l'article 2 du décret-loi du 27 décembre 1851.

Les contraventions seront constatées, poursuivies et réprimées dans les formes déterminées par le titre V dudit décret.

ART. 9. — Le décret du 15 mai 1888 est abrogé.

La préeente loi, délibérée et adoptée par le Sénat et par la Chambre des députés, sera exécutée comme loi de l'Etat.

Fait à Paris, le 25 juin 1895.

Signé : FÉLIX FAURE.

Le Ministre du commerce, de l'industrie,
des postes et des télégraphes,
Signé : ANDRÉ LEBON.

DÉCRET du 25 juillet 1899 portant modification au décret du 6 août 1881 en ce qui concerne l'éclairage des tramways.

Le Président de la République Française,

Sur le rapport du Ministre des Travaux Publics,

Vu la loi du 11 juin 1880 sur les chemins de fer d'intérêt local et les tramways ;

Vu le décret du 6 août 1881, portant règlement d'administration publique pour l'exécution de l'art. 48 de la dite loi ;

Vu, notamment, l'article 27, paragraphe 1er du dit décret, ainsi conçu :

« Toute voiture isolée ou tout train porte extérieurement un feu rouge à l'avant et un feu vert à l'arrière » ;

Vu le décret du 10 mars 1899, réglementant la circulation des automobiles sur route, notamment l'article 15, portant que toute automobile sera munie à l'avant d'un feu blanc et d'un feu vert, et l'article 23, lequel stipule que tout train portera, la nuit, un feu rouge à l'arrière, sans préjudice du feu blanc et du feu vert, à l'avant, prévus par l'article 15 ;

Le Conseil d'Etat entendu,

Décrète :

ARTICLE PREMIER. — L'article 27, paragraphe 1er, du décret du 6 août 1881, est modifié ainsi qu'il suit :

« ART. 27. — Toute voiture isolée ou tout train porte extérieurement un feu blanc à l'avant et un feu rouge à l'arrière.

ART. 2. — Le Ministre des Travaux Publics est chargé de l'exécution du présent décret, qui sera inséré au Bulletin des lois.

Fait à Paris, le 25 juillet 1899.

EMILE LOUBET.

Par le Président de la République,
Le Ministre des Travaux Publics,
PIERRE BAUDIN.

Arrêté ministériel concernant l'équipement électrique des tramways de Paris à Enghien.

Le Ministre, du Commerce de l'Industrie, des Postes et des Télégraphes,
Vu la loi du 25 juin 1895 ;
Vu les instructions ministérielles du 5 septembre 1898 ;
Vu la Convention du 23 avril 1900,

Arrête :

ARTICLE PREMIER. — Autorisation et mise en service. — La Compagnie des tramways électriques de Paris à Saint-Denis, Épinay, Enghien et extensions est autorisée, à ses risques et périls, à faire circuler sur les conducteurs qu'elle a établis et qui empruntent les voies publiques de Paris et des communes de Saint-Ouen, Saint-Denis et Épinay, le courant électrique nécessaire à la traction des voitures sur la ligne de Paris à Épinay, à la condition de se conformer aux obligations énoncées ci-après :

ART. 2. — Distance des rails aux lignes télégraphiques ou téléphoniques. — La distance à maintenir en projection horizontale entre toute ligne télégraphique ou téléphonique souterraine préexistante et le rail le plus rapproché de ladite ligne devra être au minimum d'un mètre.

Aux points de croisement, la distance verticale à maintenir entre les rails et ladite ligne devra être au minimum de 50 centimètres.

ART. 3. — Distance des conducteurs d'énergie aux lignes télégraphiques ou téléphoniques. — Les distances prévues à l'art. 2 ci-dessus devront également exister entre les lignes télégraphiques ou téléphoniques souterraines préexistantes et les conducteurs d'alimentation et de retour.

ART. 4. — Entretien des lignes télégraphiques et téléphoniques. — L'administration des Postes et télégraphes aura le droit de faire à toute époque, aux points de croisement ou dans le voisinage des lignes du concessionnaire, les travaux nécessaires à l'entretien et aux réparations de ses lignes préexistantes, sans aucune indemnité pour le concessionnaire. Celui-ci devra, par suite, prendre en établissant ses voies et ses conducteurs aériens et souterrains toutes les dispositions nécessaires pour que les travaux que l'Administration aurait à effectuer ne puissent nuire à son exploitation.

ART. 5. — Dispositifs de garde. — Aux points de croisement du fil de trolley et des lignes aériennes télégraphiques ou téléphoniques, le concessionnaire devra installer un dispositif de garde efficace pour prévenir tout contact accidentel entre les fils des deux catégories en cas de rupture de l'un d'eux.

A titre d'essai ce dispositif pourra consister dans l'installation sur le fil de traction d'une baguette en bois sur toute l'étendue de la zone dangereuse. La protection sera complétée par la pose de coupe-circuits aux deux extrémités de chacun des fils appartenant à l'Etat. Les frais d'achat et d'installation de ces appareils seront à la charge du concessionnaire.

Si la prise de courant s'opère au moyen de la roulette, le concessionnaire devra disposer indépendamment de la baguette deux fils de garde à 30 centimètres de part et d'autre du conducteur du trolley et parallèlement à celui-ci.

Enfin, si les dispositifs prévus ci-dessus ne sont pas entretenus en bon état, ou si des accidents se produisent, ils devront être remplacés par d'autres agréés ou prescrits par l'Administration. La traversée souterraine des fils télégraphiques et téléphoniques pourrait notamment être exigée. Le dispositif de garde à placer au-dessus du fil de trolley devra être établi ultérieurement par les soins du concessionnaire et aux frais de l'Etat pour protéger toutes les lignes électriques appartenant à l'administration des Postes et télégraphes construites postérieurement à la mise en exploitation du tramway électrique.

ART. 6. — Isolement des conducteurs d'énergie. — L'ensemble des conducteurs aériens de l'installation sera établi de manière à présenter un isolement kilométrique minimum d'un mégohm. Il sera tenu compte pour le calcul de cet isolement des mesures périodiques qui doivent être effectuées par l'exploitant en exécution de l'art. 14 ci-après.

La résistance absolue d'isolement entre les conducteurs d'alimentation et la terre exprimée en ohms ne devra pas être inférieure à cinq fois le carré de la plus grande différence de potentiel efficace entre les conducteurs, exprimée en volts.

ART 7. — Conductibilité de la voie. — La conductibilité de la voie devra être assurée dans les meilleures conditions possibles.

La perte de charge kilométrique de la voie et des conducteurs d'alimentation et de retour ne devra pas dépasser un volt.

A la traversée des ponts en fer, la voie devra, autant que possible, être isolée électriquement du sol. Les connexions devront être établies de telle sorte que la chute de potentiel entre les deux extrémités de l'ouvrage ne dépasse pas en marche normale 0,25 volt.

Les limites indiquées ci-dessus devront s'appliquer uniquement aux pertes de charge moyennes rapportées à la durée de marche.

Art. 8. — Fils pilotes. — Pour permettre de vérifier si les conditions spécifiées aux articles 6 et 7 sont remplies, le concessionnaire devra installer des fils pilotes isolés partant du tableau de la station et aboutissant aux divers points de la voie où peuvent se produire les plus grands écarts de voltage et aux points d'aboutissement des conducteurs d'alimentation et de retour.

Art. 9. — Droits des tiers. — Nonobstant les autorisations accordées et l'exécution même rigoureuse des mesures de précaution prescrites par le présent arrêté, le concessionnaire demeurera responsable envers l'Etat et les tiers en général des dommages que pourrait causer l'établissement ou l'exploitation de ses installations.

Il demeure notamment entendu que, même après application des dispositions prévues aux articles 6 et 7, le concessionnaire sera toujours responsable des dégâts provenant des phénomènes d'électrolyse.

Art. 10. — Mesures de protection. — Le concessionnaire devra supporter dans les conditions indiquées à la convention du 26 avril 1900 les dépenses qui devront être engagées par l'administration des Postes et télégraphes pour assurer le fonctionnement régulier des transmissions télégraphiques et téléphoniques ainsi que la protection des lignes électriques de toute nature appartenant à l'Etat et la réparation des dégradations résultant de la marche des tramways.

Art. 11. — Modifications de tracé. — Toute modification ou extension des canalisations électriques ou du parcours des tramways prévus par le concessionnaire aux pièces annexées au procès-verbal de la conférence du 22 novembre 1899 ne pourront être réalisées qu'après l'obtention d'une nouvelle autorisation, qui fera l'objet d'un nouvel arrêté.

Dans le cas où le tracé des conducteurs d'alimentation entraînerait pour une cause quelconque l'extension normale des lignes télégraphiques ou téléphoniques appartenant à l'Etat, le concessionnaire serait tenu de faire subir à ses installations tous les changements qui lui seraient demandés. Les frais résultant de ces travaux seraient d'ailleurs réglés conformément aux dispositions de la loi du 25 juin 1895.

Art. 12. — Essais avant la mise en service. — Les essais destinés à permettre de s'assurer que l'installation satisfait aux prescriptions des articles 6 et 7 devront, avant toute mise en service, être réalisés par les soins du concessionnaire, en présence de l'ingénieur des Télégraphes désigné à l'art. 16 ci-après.

Art. 13. — Plan d'installation. — Dans les quinze jours qui suivront la mise en marche, le concessionnaire devra adresser au directeur des services électriques de la région de Paris un plan complet des installations électriques qu'il aura réalisées sur les voies publiques. Ce plan sera renouvelé chaque année dans la première quinzaine de janvier, ou complété par l'indication des modifications, additions ou suppressions apportées tant à la canalisation principale qu'aux branchements sur les voies publiques.

Art. 14. — Vérification de l'installation. — Le concessionnaire sera tenu de vérifier l'état électrique de ses installations au moins une fois par trimestre pendant la première année, une fois par an pendant les années suivantes, et à un moment quelconque à toute réquisition de l'ingénieur des Télégraphes chargé de contrôler les conditions techniques prévues au présent arrêté. Les résultats de chaque vérification seront consignés sur un registre qui devra être présenté à toute réquisition de l'ingénieur précité.

Art. 15. — Contraventions. — Les contraventions aux dispositions du présent arrêté seront constatées par les officiers de police judiciaire et les agents assermentés de l'administration des Postes et télégraphes. Elles seront passibles des pénalités prévues à la loi du 25 juin 1895 (art. 3).

Art. 16. — Contrôle. — Le directeur des services électriques de la région de Paris est chargé de contrôler les conditions techniques prescrites par le présent arrêté.

Il fera connaître au concessionnaire le ou les agents qu'il aura désignés pour l'assister sur place dans son service de contrôle. Le concessionnaire devra donner toutes facilités à l'ingénieur et à ses délégués pour l'accomplissement de leurs missions.

Art. 17. — Frais de contrôle. — Le concessionnaire sera tenu de supporter annuellement les frais du contrôle électrique de son installation, tels qu'ils résulteraient des dispositions d'ordre général qui viendraient à être édictées par un règlement d'administration publique.

Art. 18 — Ampliation du présent arrêté sera adressée à M. le préfet de la Seine, qui est chargé de le notifier au concessionnaire.

Paris, le 18 mai 1900.

A. MILLERAND

CHEMINS DE FER D'INTÉRÊT LOCAL ET CHEMINS DE FER PRIVÉS

Ouverture des conférences mixtes.

Paris, le 30 mai 1900.

Le Ministre des Travaux publics à Monsieur le Préfet d

La circulaire du 26 septembre 1887, relative aux affaires mixtes de la compétence de la Commission mixte des Travaux publics a invité MM. les Ingénieurs en chef auxquels appartient l'initiative des conférences mixtes à soumettre au préalable à l'Administration supérieure les projets qu'ils sont chargés de préparer, et à s'abstenir de faire procéder aux conférences avant d'en avoir obtenu l'autorisation du Ministre.

Une autre circulaire, du 12 juin 1895, a appliqué ces prescriptions aux chemins de fer, *privés* de toute nature, qui doivent être l'objet de conférences mixtes quand ils sont à construire dans les limites de la zone frontière.

Mais, en ce qui concerne les chemins de fer miniers, une circulaire du 9 mars 1900 vous a délégué la faculté d'autoriser les Ingénieurs des mines à ouvrir les conférences mixtes, sauf à en référer à mon Administration, si dans quelque affaire, vous ou MM. les Ingénieurs éprouviez quelques hésitations sur la marche à suivre.

La même mesure de simplification me parait devoir être étendue aux autres chemins de fer d'intérêt local.

Je vous prie de m'accuser réception de la présente circulaire, dont j'adresse ampliation à MM. les Ingénieurs des ponts et chaussées.

PIERRE BAUDIN.

TRAMWAYS

Travaux entrepris avant déclaration d'utilité publique.

Paris, le 20 février 1901.

Le Ministre des Travaux Publics à Monsieur le Préfet d

Il arrive fréquemment que des travaux de construction de tramways sont entrepris sur des voies publiques et même que des lignes sont ouvertes à l'exploitation avant l'émission du décret qui, aux termes de l'article 29 de la loi du 11 juin 1880, doit déclarer d'utilité publique et autoriser l'exécution.

Souvent aussi des travaux qui ont pour objet la transformation du mode de traction de lignes de tramways et qui ne rentrent pas dans les prévisions des décrets ou des actes de concession de l'entreprise, sont exécutés prématurément.

Enfin, j'ai eu l'occasion de remarquer que les prescriptions de l'article 10 de la loi du 11 juin 1880, d'après lesquelles toute cession totale ou partielle de la concession, la fusion des concessions ou des administrations, tout changement de concessionnaire ne peuvent avoir lieu qu'en vertu d'un décret délibéré en Conseil d'Etat, ne sont pas toujours respectées. Des cessions ou des fusions sont réalisées de fait avant l'autorisation gouvernementale exigée par la loi.

Ces pratiques irrégulières présentent de graves inconvénients et peuvent conduire à des situations inextricables, si l'Administration et le Conseil d'Etat, mis en présence de faits accomplis, se trouvent amenés à refuser de les sanctionner comme ne satisfaisant pas aux intérêts publics, ou comme contraires aux dispositions des lois et règlements.

Il importe d'éviter qu'elles ne se reproduisent à l'avenir.

J'ai pris toutes les mesures nécessaires pour que l'instruction des affaires de tramways soit poussée par mon Administration avec toute l'activité désirable, cette instruction ne subit aucun retard, à partir du moment où les dossiers sont parvenus au Ministère des Travaux publics.

Les intéressés ne sont donc nullement fondés à faire valoir de prétendues lenteurs administratives, en ce qui concerne tout au moins l'Administration supérieure, pour exécuter, même à leurs risques et périls, des travaux non autorisés ou pour réaliser des opérations sur lesquelles il n'a pu être statué. Il n'y a pas non plus de motifs pour que vous donniez vous-même des autorisations provisoires d'exécution.

Je vous prie en conséquence de tenir la main à ce que les dispositions légales soient scrupuleusement observées.

Vous voudrez bien donner connaissance de la présente circulaire à M. l'Ingénieur en chef.

Le Ministre des Travaux Publics

PIERRE BAUDIN.

Police des chemins de fer
RAPPORT au Président de la République française

Paris, le 1er mars 1901.

Monsieur le Président,

Les dispositions relatives à la police des chemins de fer sont condensées tant dans les lois du 11 juin 1842 et du 15 juillet 1845 que dans l'ordonnance du 15 novembre 1846, qui constituent des monuments législatif et réglementaire dont un fait suffit à attester l'incontestable valeur : depuis plus d'un demi-siècle ils régissent, sans qu'il ait été jugé jusqu'en ces dernières années indispensable d'y apporter des remaniements profonds, une industrie qui, en cinquante-cinq ans, s'est singulièrement développée.

Cependant, avec le temps, la nécessité de changements et additions devait forcément se faire jour, et des décrets modificatifs de l'ordonnance de 1846 sont intervenus ; en 1874, pour admettre la suppression des cendriers des locomotives dans certains cas ; en 1883, pour régler l'usage du signal d'alarme dans les voitures de voyageurs ; en 1889, pour déterminer l'emploi des roues en fonte ; en 1889 également, pour organiser les trains légers.

J'ai été amené à reconnaître que ces modifications partielles étaient insuffisantes et qu'il était devenu indispensable d'apporter à l'œuvre de 1845 et de 1846 les remaniements et compléments que notre époque réclamait. C'est dans ce but que j'ai constitué une commission composée, sous la présidence de M. le conseiller d'Etat Sainsère, de hauts fonctionnaires des corps des ponts et chaussées et des mines.

Le travail de cette commission a abouti, en ce qui concerne la loi du 15 juillet 1845, au dépôt d'un projet de loi destiné à fortifier les sanctions de la législation actuelle, principalement en matière de retards des trains.

En ce qui touche l'ordonnance de 1846, la revision poursuivie s'est inspirée de trois ordres différents de considérations : d'une part, accentuer ou préciser les pouvoirs du ministre, insuffisamment définis dans l'ordonnance ; d'autre part, remanier les dispositions techniques d'un caractère suranné, pour les mettre en harmonie avec les progrès réalisés depuis l'origine des chemins de fer ; enfin, combler une lacune de la réglementation, qui ne contient absolument aucune disposition visant l'hygiène publique.

Au point de vue des pouvoirs du ministre, il était essentiel de les fortifier en vue de trois éventualités principales : si les installations de certaines gares sont reconnues ne pas répondre aux exigences du trafic, s'il est démontré que le personnel y est insuffisant, que le matériel roulant n'est pas en état d'assurer dans les circonstances normales la marche régulière du service en observant les conditions et délais déterminés par les règlements et tarifs, il importe que la mise en demeure adressée à la compagnie de prendre les mesures qu'exige la situation ne reste pas lettre morte ; en vertu des nouvelles dispositions, faute par la compagnie d'avoir présenté dans le délai imparti des propositions ou des projets suffisants, le ministre statuera directement.

Les droits du ministre sont en outre explicitement indiqués en ce qui concerne l'éclairage des trains, des tunnels et des passages à niveau, la bonne construction du matériel tracteur et roulant, les horaires des trains. Actuellement, pour ces horaires, l'ordonnance impose seulement aux compagnies la communication à l'administration avant la mise à exécution. Elle n'exige ni ne prévoit l'approbation des horaires par le ministre ; ce dernier a seulement le droit, s'il le juge utile, de modifier certains horaires au moment de leur présentation par les compagnies, mais il peut aussi s'abstenir de statuer s'il n'a pas de modifications à exiger. Il importe de spécifier que dans ce cas l'application a un caractère essentiellement provisoire et qu'à toute époque le ministre des travaux publics peut prescrire d'apporter aux horaires des trains les modifications et additions qu'il jugera nécessaires pour la sûreté de la circulation ou les besoins du public.

Dans un second ordre d'idées, la revision a porté sur les dispositions qui n'avaient plus de raison d'être, — telles que celles concernant les attributions des « commissaires royaux » depuis longtemps supprimés, celles visant les mesures de précautions spéciales à la circulation des trains sur les plans inclinés, — et sur les dispositions qui avaient besoin d'être mises en rapport avec l'état actuel de l'industre des chemins de fer. Je citerai notamment les prescriptions relatives à la traversée des passages à niveau, aux dimensions des voitures, à la composition du personnel de chaque train, à la circulation momentanée sur voie unique, au transport des matières dangereuses.

Enfin, au moment où les préoccupations des hygiénistes prennent une forme précise, il m'a paru que des pouvoirs nouveaux étaient nécessaires pour lutter contre la propagation des maladies contagieuses. Les voyageurs qui seraient visiblement ou notoirement atteints de maladies offrant des possibilités de contagion pourront être exclus des compartiments affectés au public. Les compartiments dans lesquels ils auront pris place seront, dès l'arrivée, soumis à la désinfection.

Il va de soi que des instructions seront adressées aux agents du contrôle et aux compagnies pour commenter les dispositions nouvelles et coordonner cet ensemble de mesures que l'article 15 permet au ministre de prendre : lavage des wagons, interdiction de soulever les poussières accumulées en cours de route, désinfection des dortoirs des agents, etc. En un mot, il ne saurait être question de demander au public seul le sacrifice de certaines habitudes. Par une meilleure tenue de leur matériel, par une série de précautions élémentaires, les réseaux devront encourager le public à observer spontanément les règles les plus essentielles de l'hygiène. Les voyageurs en retireront les premiers le bénéfice, et la santé des agents se trouvera du même coup protégée comme celle des ouvriers des autres industries.

Telle est, dans ses grandes lignes, la revison élaborée par la commission dont j'ai parlé plus haut. Le Gouvernement a fait sien le projet de cette commission, que le conseil d'Etat a adopté sauf certaines modifications, dont la plpuart de pure forme.

A la suite de ses délibérations, j'ai fait préparer et j'ai l'honneur de soumettre à votre signature le projet de décret ci-joint, qui, au triple point de vue que j'ai rappelé au début de ce rapport, réalisera une réforme dont la nécessité s'imposait.

Je vous prie d'agréer, monsieur le Président, l'assurance de mon profond respect.

Le ministre des travaux publics,
PIERRE BAUDIN.

DÉCRET du 1ᵉʳ Mars 1901 (1)

Le Président de la République française,
Sur le rapport du ministre des travaux publics,
Vu l'article 9 de la loi du 11 juin 1842, relative à l'établissement des lignes de chemins de fer ;
Vu la loi du 15 juillet 1845 sur la police des chemins de fer ;
Vu l'ordonnance du 15 novembre 1846, portant règlement d'administration publique sur la police, la sûreté et l'exploitation des chemins de fer ;
Vu le décret du 9 mars 1889 ;
Le conseil d'Etat entendu.

Décrète :

ARTICLE PREMIER. — Les titres I à IV (art. 1ᵉʳ à 43) et VI à VIII (art. 51 à 80) de l'ordonnance du 15 novembre 1846, portant règlement d'administration publique sur la police, la sûreté et l'exploitation des chemins de fer, sont modifiés de la façon suivante :

TITRE PREMIER

Des gares et de la voie.

ARTICLE PREMIER. — *Les mesures de police destinées à assurer le bon ordre*

____

(1) Ce décret a abrogé le décret du 9 mars 1889, sur les trains légers.

dans les parties des gares et de leurs dépendances accessibles au public seront réglées par des arrêtés du préfet du département (1).

Cette disposition s'appliquera notamment à l'entrée, au stationnement et à la circulation des voitures publiques ou particulières, destinées, soit au transport des personnes, soit au transport des marchandises, dans les cours dépendant des gares de chemins de fer.

Les arrêtés ainsi pris par les préfets ne seront exécutoires qu'en vertu de l'approbation du Ministre des Travaux publics.

ART. 2. — Le chemin de fer et les ouvrages qui en dépendent seront constamment entretenus en bon état. La compagnie devra faire connaître au Ministre des Travaux publics, dans la forme que celui-ci jugera convenable, les mesures qu'elle aura prises pour cet entretien.

Les voies et autres installations des gares devront être convenablement disposées pour la sûreté des manœuvres et de la circulation des trains.

Dans le cas où les mesures prises seraient insuffisantes pour assurer le bon entretien du chemin de fer, la sûreté de la circulation et la sécurité publique, le Ministre, après avoir entendu la compagnie, prescrira celles qu'il juge nécessaires.

Dans le cas où, par suite de l'insuffisance des installations, le service ne serait pas régulièrement assuré, il sera procédé conformément aux dispositions de l'article 65.

ART. 3. — Il sera placé, partout où besoin sera, des agents en nombre suffisant pour assurer la surveillance et la manœuvre des *signaux*, aiguilles et autres appareils de la voie ; en cas d'insuffisance, le nombre de ces agents sera fixé, la compagnie entendue, par le Ministre des Travaux publics, *qui pourra prescrire que ceux de ces agents dont le service intéressant la sécurité aurait une importance particulière ne soient employés à aucun autre travail.*

ART. 4. — Partout où un chemin de fer sera traversé à niveau par *une voie de terre*, il sera établi des barrières, *sauf les exceptions autorisées par le Ministre des Travaux publics, conformément aux lois.*

Le mode, la garde et les conditions de service des barrières seront réglés par le Ministre des Travaux publics, sur la proposition de la compagnie.

Lorsque le Ministre autorisera la traversée à niveau du chemin de fer par un autre chemin de fer ou par un tramway, il arrêtera, après avoir entendu les deux compagnies, les dispositions techniques à prendre pour l'établissement et l'exploitation de ces traversées.

ART. 5. — Si l'établissement de contre-rails est jugé nécessaire dans l'intérêt de la sûreté publique, la compagnie sera tenue d'en placer sur les points qui seront désignés par le Ministre des Travaux publics.

ART. 5. — Les *gares* et leurs abords devront être éclairés la nuit pendant la durée du service.

---

(1) Les modifications apportées par le décret du 1er mars 1901 au texte de l'ordonnance de 1846 sont imprimées en italiques.

Le Ministre des Travaux publics fixera, la compagnie entendue, les conditions dans lesquelles les passages à niveau et les *tunnels,* s'il y a lieu, devront être éclairés.

TITRE II

Du matériel employé à l'exploitation.

Art. 7. — *Les locomotives, les tenders et les véhicules de toute espèce entrant dans la composition des trains seront construits, après autorisation du Ministre des Travaux publics, suivant les meilleurs modèles, avec des matériaux de première qualité. La compagnie devra produire, à l'appui de sa demande en autorisation, les plans, dessins et tous les documents indiqués par le Ministre.*

Le Ministre déterminera les conditions auxquelles le matériel n'appartenant pas à la compagnie exploitante pourra être admis à circuler sur le réseau de cette compagnie.

Art. 8. — *Les locomotives, tenders ou véhicules de toute espèce entrant dans la composition des trains devront remplir les conditions que le Ministre des Travaux publics jugera nécessaires pour assurer la sécurité des voyageurs et des agents pendant la circulation des trains et pendant leur formation.*

Art. 9. — Il sera tenu des états de service pour toutes les locomotives. Ces états seront inscrits sur des registres qui devront être constamment à jour et indiquer, pour chaque machine, la date de sa mise en service, le travail qu'elle a accompli, les réparations ou modifications qu'elle a reçues et le renouvellement de ses diverses pièces.

Il sera tenu en outre, pour les essieux de locomotives et tenders, des registres spéciaux sur lesquels, à côté du numéro d'ordre de chaque essieu, seront inscrits sa provenance, la date de sa mise en service, l'épreuve qu'il peut avoir subie, son travail, ses accidents et ses réparations.

Les registres mentionnés aux deux paragraphes ci-dessus seront représentés, à toute réquisition, aux ingénieurs et agents chargés de la surveillance du matériel et de l'exploitation.

Les essieux des véhicules de toute espèce porteront une marque au poinçon faisant connaître la provenance et la date de la fourniture.

Art. 10. — Les locomotives ne pourront être mises en service qu'en vertu de l'autorisation délivrée par *le service du contrôle* et après avoir été soumises à toutes les épreuves prescrites par les règlements en vigueur.

Art. 11. — Les locomotives devront être pourvues, *sauf exception autorisée par le Ministre des Travaux publics,* d'appareils ayant pour objet d'arrêter les fragments de *combustible* tombant de la grille et d'empêcher la sortie des flammèches par la cheminée, *ainsi que de diminuer la production de fumées incommodes pour les voyageurs ou pour le voisinage.*

Art. 12. — Les voitures destinées au transport des voyageurs devront être commodes et présenter les dispositions *que le Ministre des Travaux publics* jugera nécessaires pour assurer la sécurité des voyageurs.

Le Ministre déterminera, la compagnie entendue, quelles devront être les dimensions minima de la place affectée à chaque voyageur.

Toute voiture à voyageurs portera, dans l'intérieur, l'indication en chiffres apparents du nombre des places.

ART. 13. — Aucune voiture pour les voyageurs ne sera mise en service sans une autorisation *délivrée par le service du contrôle,* après qu'il aura été constaté que la voiture satisfait aux conditions de l'article précédent.

L'autorisation de mise en service n'aura d'effet qu'après que l'estampille prescrite pour les voitures publiques par l'article 117 de la loi du 25 mars 1817 aura été délivrée par le directeur des Contributions indirectes.

ART. 14. — Les locomotives, les tenders et les véhicules de toute espèce devront porter : 1º la désignation, en toutes lettres ou par initiales, du chemin de fer auquel ils appartiennent ; 2º un numéro d'ordre. Les voitures de voyageurs porteront, en outre, *l'indication de la classe de chaque compartiment et* l'estampille délivrée par l'Administration des contributions indirectes. Ces diverses indications seront placées d'une manière apparente sur la caisse ou sur les côtés du châssis.

ART. 15. — Les locomotives, tenders et véhicules de toute espèce et tout le matériel d'exploitation seront constamment maintenus dans un bon état d'entretien.

La compagnie devra faire connaître au Ministre des Travaux publics, *dans la forme que celui-ci jugera convenable,* les mesures adoptées par elle à cet égard ; en cas d'insuffisance, le Ministre, après avoir entendu les observations de la compagnie, prescrira les dispositions qu'il jugera nécessaires au point de vue de la sécurité *ou de l'hygiène publique.*

Le Ministre, la compagnie entendue, pourra faire retirer de la circulation les locomotives, tenders et autres véhicules qui ne se trouveraient pas dans des conditions suffisantes pour assurer la sécurité de l'exploitation, ou exclure d'un train déterminé les véhicules qui, pour une cause quelconque, n'offriraient pas les garanties voulues pour la sûreté de l'exploitation.

TITRE III

De la composition des trains.

ART. 16. — Tout *train* ordinaire de voyageurs devra contenir, en nombre suffisant, des voitures de chaque classe, à moins d'une autorisation spéciale du Ministre des Travaux publics.

ART. 17. — Chaque train de voyageurs, *de marchandises ou mixte* devra être accompagné :

1º D'un mécanicien et d'un chauffeur par machine ; le chauffeur devra être capable d'arrêter la machine, *de l'alimneter et de manœuvrer les freins;*

2º Du nombre de conducteurs et de gardes-freins qui sera déterminé, suivant le nombre de véhicules, suivant les pentes *et suivant les appareils d'arrêt ou de ralentissement,* par le Ministre des Travaux publics, sur la proposition de la compagnie.

Sur le dernier *véhicule* de chaque *train* ou sur l'un des *véhicules* placés à l'arrière, il y aura toujours un frein et un conducteur chargé de le manœuvrer.

Lorsqu'il y aura plusieurs conducteurs dans un *train*, l'un d'entre eux devra toujours avoir autorité sur les autres.

Le maximum du nombre de véhicules pour chaque nature de trains transportant des voyageurs *sera déterminé par le Ministre des Travaux publics, sur la proposition de la compagnie.*

ART. 18. — *Par dérogation à l'article précédent, l'obligation d'avoir sur la machine un mécanicien et un chauffeur ne sera pas applicable aux trains légers, dont la mise en marche sera autorisée par le Ministre des Travaux publics, sous la réserve que le conducteur chef du train se tiendra habituellement soit sur la machine, soit dans le premier véhicule du train, qu'il pourra dans tous les cas accéder facilement à la machine et qu'il sera en état de l'arrêter en cas de besoin.*

En outre, lorsque les véhicules à voyageurs et à marchandises dont se compose un train léger seront tous munis d'un frein continu, le Ministre pourra autoriser la suppression de l'obligation d'avoir, sur le dernier véhicule ou sur l'un des derniers véhicules, un conducteur spécial chargé de la manœuvre du frein.

Ne pourront être considérés comme trains légers que ceux dont les véhicules sont portés sur seize essieux au plus, non compris les essieux de la locomotive s'il y en a une, et de son tender, mais y compris les essieux de la voiture motrice, si l'appareil moteur est contenu dans un des véhicules portant des voyageurs ou des marchandises.

ART. 19. — Les locomotives devront être en tête des trains. Il ne pourra être dérogé à cette disposition que pour les manœuvres à exécuter dans les *gares* ou dans leur voisinage, *pour les trains de service*, et pour le cas de secours *ou de renfort*. Dans ces cas spéciaux, la vitesse ne devra pas dépasser *les limites fixées par le Ministre des Travaux publics.*

ART. 20. — Les *trains* de voyageurs ne devront être remorqués que par une seule locomotive, sauf les cas où l'emploi d'une machine de renfort deviendrait nécessaire, soit pour la montée d'une rampe de forte inclinaison, soit par suite d'une affluence extraordinaire de voyageurs, de l'état de l'atmosphère, d'un accident ou d'un retard exigeant l'emploi de secours, ou de tout autre cas préalablement déterminé par le Ministre des Travaux publics.

Il sera, dans tous les cas, *sauf le cas de secours*, interdit d'atteler simultanément plus de deux locomotives à un *train* de voyageurs.

La machine placée en tête devra régler la marche du train.

Il devra toujours y avoir en tête de chaque train, entre le tender et la première voiture de voyageurs, au moins *un* véhicule ne portant pas de voyageurs ; *cette obligation ne s'applique ni aux trains légers, ni aux trains de secours, ni aux trains de composition spéciale qui en auront été dispensés par le Ministre des Travaux publics.*

Dans tous les cas où il sera attelé plus d'une locomotive à un train, mention en sera faite sur un registre à ce destiné, avec indication du motif de

la mesure, de la *gare* où elle aura été jugée nécessaire et de l'heure à laquelle le train aura quitté cette *gare*.

Ce registre sera représenté, à toute réquisition, aux fonctionnaires et agents *du contrôle*.

Art. 21. — *Le Ministre des Travaux publics, la compagnie entendue, arrêtera les règles à suivre pour le transport des matières dangereuses (exposibles, inflammables, vénéneuses, etc.) et des matières infectes ; il déterminera notamment les cas dans lesquels le transport de ces marchandises dans un train de voyageurs est interdit.*

Art. 22. — *Le Ministre des Travaux publics déterminera, la compagnie entendue, les précautions à prendre dans la formation des trains pour éviter, soit au départ ou à l'arrivée, soit pendant la marche, toute réaction dangereuse ou incommode entre les divers véhicules.*

Art. 23. — *Le conducteur de tête et, sauf les exceptions autorisées par le Ministre,* les gardes-freins seront mis en communication avec le mécanicien pour donner, en cas d'accident, le signal d'alarme par tel moyen qui sera autorisé par le Ministre des Travaux publics, sur la proposition de la compagnie.

Sauf les exceptions autorisées par le Ministre des Travaux publics, les compartiments des voitures à voyageurs seront tous mis en communication avec le mécanicien ou le conducteur chef de train par un signal d'alarme en bon état de fonctionnement.

Art. 24. — Pendant la nuit et, pendant le jour, au passage des souterrains désignés par le Ministre des Travaux publics, les fanaux des trains devront être allumés, et les voitures destinées aux voyageurs devront être éclairées intérieurement.

Ces voitures devront être chauffées pendant la saison froide dans les conditions approuvées par le Ministre.

En cas d'insuffisance des mesures adoptées par la compagnie en ce qui concerne l'éclairage *ou le chauffage* des trains et voitures, le Ministre prescrira, la compagnie entendue, les dispositions qu'il jugera nécessaires.

Tout train transportant des voyageurs sera muni, sauf exception autorisée par le Ministre, d'une boîte de secours dont la composition sera approuvée par le Ministre.

TITRE IV

Du départ, de la circulation et de l'arrivée des trains.

Art. 25. — Le Ministre des Travaux publics déterminera, sur la proposition de la compagnie, pour les lignes à plusieurs voies, celles de ces voies qui seront affectées à la circulation de chaque sens, et, pour les lignes à une voie, les points de croisement.

Il ne pourra être dérogé, sous aucun prétexte, aux dispositions qui auront été prescrites par le Ministre, si ce n'est dans le cas où la voie serait interceptée, et, dans ce cas, la changement devra être fait avec les précautions spéciales qui seront indiquées par *les règlements de la compagnie dûment homologués.*

Art. 26. — Avant le départ du train, le mécanicien s'assurera si toutes les parties de la locomotive et du tender sont en bon état.

En ce qui concerne les voitures et leurs freins, la même vérification sera faite *dans les conditions déterminées par le règlement homologué de la compagnie.*

Le signal du départ ne sera donné que lorsque les portières seront fermées.

Le train ne devra être mis en marche qu'après le signal du départ.

Art 27. — Aucun *train* ne pourra partir d'une gare *ni y arriver* avant l'heure déterminée par l'horaire de la marche des trains.

Toutefois, pour l'arrivée, une tolérance pourra être accordée par le Ministre.

Les mesures propres à maintenir, entre les trains qui se suivent, l'intervalle de temps ou d'espace nécessaire pour assurer la sécurité de la circulation seront déterminées par le Ministre des Travaux publics, la compagnie entendue.

Des signaux seront placés à l'entrée des *gares, dans les gares et sur la voie, partout où cela sera jugé utile* pour faire connaître aux mécaniciens s'ils doivent arrêter ou ralentir leur marche.

En cas d'insuffisance des signaux établis par la compagnie, le Ministre prescrira, la compagnie entendue, l'établissement de ceux qu'il jugera nécessaires.

Art. 28. — Sauf le cas de force majeure ou de réparation de la voie, les trains ne pourront s'arrêter qu'aux gares ou aux lieux de stationnement autorisés.

Les voies affectées à la circulation des trains devront être couvertes par des signaux, ainsi qu'il est dit à l'article 32, dans les cas où il y aura nécessité absolue d'y faire stationner momentanément des machines, des voitures ou des wagons.

Art. 29. — Le Ministre des Travaux publics déterminera, sur la proposition de la compagnie, les mesures spéciales de précaution relatives à la circulation des trains sur *les parties du chemin de fer qui offriraient un danger particulier.*

Il déterminera également, sur la proposition de la compagnie, la vitesse maximum que les trains de toute nature pourront prendre sur les diverses parties de chaque ligne.

Art. 30. — Le Ministre des Travaux publics prescrira, sur la proposition de la compagnie, les mesures spéciales de précaution à prendre pour l'expédition et la marche des *trains* extraordinaires.

Dès que l'expédition d'un *train* extraordinaire aura été décidée, déclaration devra en être faite immédiatement *aux agents du contrôle et aux fonctionnaires désignés par le Ministre des Travaux publics,* avec indication du motif de l'expédition du *train et de son horaire.*

Art. 30. — Des agents chargés de l'entretien et de la surveillance de la voie seront placés sur la ligne en nombre suffisant pour assurer la libre circulation des trains.

Ces agents seront pourvus, le jour et la nuit, de signaux d'arrêt et de ralentissement.

Des agents *seront en outre placés à des endroits déterminés pour la manœu-vre des signaux fixes et, s'il y a lieu,* pour l'annonce des trains de proche en proche.

En cas d'insuffisance, le Ministre des Travaux publics réglera le nombre des agents de ces diverses catégories, la compagnie entendue.

ART. 32. — Dans le cas où soit un train, soit une machine isolée s'arrê-terait accidentellement sur la voie, des signaux de protection seront faits *dans les conditions déterminées par les règlements de la compagnie dûment homologués.*

Les mécaniciens, les conducteurs chefs et les conducteurs devront être munis pendant leur service des signaux *indiqués par ces règlements.*

Des précautions spéciales seront prises pour garantir la sécurité des trains, dans le cas où il deviendrait impossible de maintenir leur vitesse normale.

ART. 33. — Lorsque les travaux de réparation effectués sur une voie seront de nature à en altérer *momentanément* la stabilité, ils devront être protégés par des signaux d'arrêt ou de ralentissement.

ART. 34. — Lorsque, par suite d'un accident, de réparation ou de toute autre cause, la circulation devra s'effectuer momentanément sur une *seule* voie, il devra être placé un garde auprès des aiguilles de chacun des chan-gements de voies *extrêmes*

Les gardes ne laisseront les trains s'engager dans la voie unique réservée à la circulation que dans les conditions *prescrites par les règlements homolo-gués ou les ordres de service de la compagnie.*

Il sera donné connaissance au *service du contrôle* des mesures prises pour assurer la circulation sur la voie unique.

ART. 35. — La compagnie sera tenue de faire connaître au Ministre des Travaux publics le système de signaux qu'elle aura adopté ou qu'elle se pro-pose d'adopter pour les cas prévus par le présent titre. Le Ministre prescrira les modifications qu'il jugera nécessaires.

ART. 36. — Le mécanicien devra porter constamment son attention sur l'état de la voie, arrêter ou ralentir la marche en cas d'obstacles, suivant les circonstances, se conformer aux signaux qui lui seront transmis *et signaler au premier arrêt les anomalies qu'il aura remarquées* ; il surveillera toutes les parties de la machine, la tension de la vapeur et le niveau d'eau de la chaudière. Il veillera à ce que rien n'embarrasse la manœuvre des freins *dont il a la disposition.*

ART. 37. — Les mesures de précaution à observer par le mécanicien aux approches et au passage des *bifurcations, embranchements ou traversées de voies* seront fixées par *des règlements approuvés par le Ministre des Travaux publics.*

Aux points de *bifurcation,* des signaux devront indiquer le sens dans lequel les aiguilles sont placées.

A l'approche des *gares* où le train *doit s'arrêter,* le mécanicien devra pren-dre les dispositions convenables pour qu'il ne dépasse pas le point où les voyageurs doivent descendre.

Art. 38. — Avant la mise en marche à l'approche des *gares*, des passages à niveau en courbe, ainsi que des autres passages à niveau *et bifurcations désignés par le Ministre des Travaux publics*, à l'entrée et à la sortie des tranchées en courbe et des souterrains, le mécanicien devra faire jouer le sifflet pour avertir de l'approche du train.

Il se servira également du sifflet comme moyen d'avertissement, toutes les fois que la voie ne lui paraîtra pas complètement libre.

Le sifflet pourra être remplacé par un autre signal acoustique aprouvé par le Ministre des Travaux publics.

Art. 39. — Aucune personne autre que le mécanicien et le chauffeur ne pourra monter sur la locomotive ou sur le tender, à moins d'une permission spéciale et écrite du directeur du chemin de fer ou de son délégué.

Seront exceptés de cette interdiction les ingénieurs des ponts et chaussées et les ingénieurs des mines chargés du *contrôle et les agents du contrôle technique*. Les commissaires *de suvveillance administrative* pourront également monter sur la locomotive ou le tender, en remettant au chef de la gare ou au conducteur principal du train une réquisition écrite et motivée

Art. 40. — Sur des points qui seront désignés par le Ministre des Travaux publics, la compagnie entendue, des machines de secours ou de réserve devront être constamment entretenues en feu et prêtes à partir.

Les règles relatives au service de ces machines seront déterminées par le Ministre, sur la proposition de la compagnie.

Art. 41. — Il y aura constamment, aux lieux de dépôt des machines, un wagon chargé de tous les agrès et outils nécessaires en cas d'accident.

Chaque train devra, d'ailleurs, être muni des outils les plus indispensables.

Art. 42. — Aux *gares* qui seront désignées par le Ministre des Travaux publics, il sera tenu des registres sur lesquels on mentionnera les retards de trains excédant des *limites déterminées par le Ministre*. Ces registres indiqueront la nature et la composition des trains, les points extrêmes de leur parcours, le *numéro* des locomotives qui les ont remorqués, les heures de départ et d'arrivée, les causes et la durée du retard.

Ces registres seront représentés, à toute réquisition, aux agents *du contrôle*.

Art. 43. — *Les horaires fixant la marche des trains ordinaires de toute nature seront soumis par la compagnie à l'approbation du Ministre des Travaux publics ; à cet effet, avant leur mise en vigueur et dans les délais prescrits par le Ministre, la compagnie les lui communiquera, ainsi qu'aux fonctionnaires désignés par lui et au service du contrôle.*

Si, à la date annoncée pour la mise en vigueur de nouveaux horaires, le Ministre n'a pas notifié à la compagnie son opposition, ces horaires pourront être appliqués à titre provisoire.

A toute époque, le Ministre des Travaux publics pourra prescrire d'apporter aux horaires des trains les modifications ou additions qu'il jugera nécessaires pour la sûreté de la circulation ou les besoins du public.

Les horaires des trains transportant des voyageurs seront portés à la connaissance du public, avant leur mise en vigueur, par des affiches placées dans les gares, *dans les conditions fixées par le Ministre des Travaux publics. Ces affiches devront mentionner ceux des trains contenant des voitures de toutes classes pour lesquels la compagnie sera dispensée de faire le service des messageries.*

TITRE V (1)

De la perception des taxes et des frais accessoires.

Art. 44. — Aucune taxe, de quelque nature qu'elle soit, ne pourra être perçue par la compagnie qu'en vertu d'une homologation du Ministre des Travaux publics.

Les taxes perçues actuellement sur les chemins, dont les concessions sont antérieures à 1835 et qui ne sont pas encore régularisées, devront l'être avant le 1er avril 1847.

Art. 45. — Pour l'exécution du paragraphe 1er de l'article qui précède, la compagnie devra dresser un tableau des prix qu'elle a l'intention de percevoir, dans la limite du maximum autorisé par le cahier des charges, pour le transport des voyageurs, des bestiaux, marchandises et objets divers, et en transmettre en même temps des expéditions au Ministre des Travaux publics, aux préfets des départements traversés par le chemin de fer et au service du contrôle.

Art. 46. — La compagnie devra, en outre, dans le plus court délai et dans les formes énoncées en l'article précédent, soumettre ses propositions au Ministre des Travaux publics pour les prix de transport non déterminés par le cahier des charges et à l'égard desquels le Ministre est appelé à statuer.

Art. 47. — Quant aux frais accessoires, tels que ceux de chargement, de déchargement et d'entrepôt dans les gares et magasins du chemin de fer, et quant à toutes les taxes qui doivent être réglées annuellement, la compagnie devra en soumettre le règlement à l'approbation du Ministre des Travaux publics, dans le dixième mois de chaque année. Jusqu'à décision, les anciens tarifs continueront à être perçus.

Art. 48. — Les tableaux des taxes et des frais accessoires approuvés seront constamment affichés dans les lieux les plus apparents des gares et stations des chemins de fer.

Art. 49. — Lorsque la compagnie voudra apporter quelques changements aux prix autorisés, elle en donnera avis au Ministre des Travaux publics, aux préfets des départements traversés et au service de contrôle.

Le public sera en même temps informé, par des affiches, des changements soumis à l'approbation du Ministre.

A l'expiration du mois à partir de la date de l'affiche, lesdites taxes pourront être perçues si, dans cet intervalle, le Ministre des Travaux publics les a homologuées.

(1) Ce titre est la reproduction pure et simple du Titre V de l'ordonnance de 1846.

Si des modifications à quelques-uns des prix affichés étaient prescrites par le Ministre, les prix modifiés devront être affichés de nouveau et ne pourront être mis en perception qu'un mois après la date de ces affiches.

ART. 50. — La compagnie sera tenue d'effectuer avec soin, exactitude et célérité, et sans tour de faveur, les transports des marchandises, bestiaux et objets de toute nature qui lui seront confiés.

Au fur et à mesure que des colis, des bestiaux ou des objets quelconques arriveront au chemin de fer, enregistrement en sera fait immédiatement, avec mention du prix total dû pour le transport. Le transport s'effectuera dans l'ordre des inscriptions, à moins de délais demandés ou consentis par l'expéditeur, et qui seront mentionnés dans l'enregistrement.

Un récépissé devra être délivé à l'expéditeur, s'il le demande, sans préjudice, s'il y a lieu, de la lettre de voiture. Le récépissé énoncera la nature et le poids des colis, le prix total du transport et le délai dans lequel ce transport devra être effectué.

Les registres mentionnés au présent article seront représentés à toute réquisition des fonctionnaires et agents chargés de veiller à l'exécution du présent règlement.

TITRE VI

Police et surveillance.

ART. 51. — La surveillance de l'exploitation des chemins de fer s'exercera concurremment :

Par les ingénieurs des ponts et chaussées ou des mines, les conducteurs des ponts et chaussées, les *contrôleurs* des mines ;

Par les fonctionnaires *du contrôle de l'exploitation commerciale* ;

Par les commissaires de surveillance administrative ;

Et par les autres agents du contrôle.

ART. 52. — *Les attributions de ces agents et l'organisation de service de contrôle sont définies par les reglements spéciaux.*

ART. 53. — Les compagnies seront tenues de représenter, à toute réquisition, aux *directeurs des services de contrôle où à leurs délégués,* leurs registres et pièces de dépenses et de recettes, *leurs circulaires et ordres de services, les traités qu'elles ont passés avec d'autres entreprises de transport, et, en général, tous les documents nécessaires à l'exercice de la mission confiée aux services de contrôle*

ART. 54. — Les compagnies seront tenues de fournir des locaux convenables pour les commissaires *de surveillance administrative*.

ART. 55. — Toutes les fois qu'il arrivera un accident sur le chemin de fer, il en sera fait immédiatement déclaration par la compagnie ou par ses agents au commissaire *de surveillance administrative de la circonscription.*

Lorsque l'accident aura une certaine gravité, la compagnie exploitante avisera en outre, par la voie la plus rapide, *le Ministre des Travaux publics, le directeur du service de contrôle,* le préfet du département, les ingénieurs du contrôle de la voie et de l'exploitation.

Lorsqu'il se produira un fait de nature à donner ouverture à l'action publique, et, en tous cas, s'il y a mort ou blessure, cet avis devra être également transmis au procureur de la République.

Art. 55. — Les compagnies devront soumettre leurs règlements relatifs au service à l'approbation du Ministre des Travaux publics *qui prescrira les modifications qu'il jugera nécessaires.*

Art. 56. — Il est défendu à toute personne étrangère au service du chemin de fer :

1º De pénétrer, sans y être autorisée régulièrement, dans l'enceinte du chemin de fer, d'y circuler ou stationner ;

2º D'y jeter ou déposer aucuns matériaux ri objets quelconques ;

3º D'y introduire des chevaux, bestiaux ou animaux d'aucune espèce *ou de laisser s'y introduire ceux dont elle a la garde ;*

4º D'y faire circuler ou stationner aucuns véhicules étrangers au service ;

5º *De manœuvrer les appareils qui ne sont pas à la disposition du public, de les déranger ou d'en empêcher le fonctionnement ;*

6º *De dégrader les clôtures, barrières, talus, bâtiments et ouvrages d'art.*

Art. 58. — Il est défendu :

1º D'entrer dans les voitures sans avoir pris un billet, de se placer dans une voiture d'une classe supérieure à celle qui est indiquée par le billet *et de prendre une place déjà régulièrement retenue par un autre voyageur ;*

2º D'entrer dans les voitures ou d'en sortir autrement que par la portière qui *se trouve du côté où se fait le service du train ;*

3º De passer d'une voiture dans une autre *autrement que par les passages disposés à cet effet,* de se pencher au dehors, *d'occuper une place non destinée aux voyageurs ou de se placer indûment dans les compartiments ayant une destination spéciale ;*

4º *De se servir sans motif plausible du signal d'alarme mis à la disposition des voyageurs pour faire appel aux agents de la compagnie.*

Les voyageurs ne devront *monter* dans les voitures ou en descendre qu'aux gares et lorsque le train sera complètement arrêté.

Il est défendu de fumer dans les salles d'attente, ainsi que dans les voitures, *exception faite des compartiments portant la plaque indicative :* fumeurs.

Il est défendu de cracher ailleurs que dans les crachoirs disposés à cet effet.

Les voyageurs sont tenus d'obtempérer aux injonctions des agents de la compagnie pour l'observation des dispositions mentionnées aux paragraphes ci-dessus.

Art. 59. — Il est interdit d'admettre dans les voitures plus de voyageurs que ne le comporte le nombre de places indiqué, conformément à l'article 12.

Art. 60. — L'entrée des voitures est interdite :

1º A toute personne en état d'ivresse ;

2° A tous individus porteurs d'armes à feu chargées ou d'objets qui, par leur nature, leur volume ou leur odeur, pourraient gêner ou incommoder les voyageurs.

Tout individu porteur d'une arme à feu doit, avant son admission sur les quais d'embarquement, faire constater que son arme n'est point chargée.

Toutefois, lorsqu'il y sont obligés par leur service, les agents de la force publique peuvent conserver avec eux, dans les voitures, des armes à feu chargées, à condition de prendre place dans des compartiments réservés.

Pourront être exclues des compartiments affectés au public les personnes atteintes visiblement ou notoirement de maladies dont la contagion serait à redouter pour les voyageurs. Les compartiments dans lesquels elles auront pris place seront, dès l'arrivée, soumis à la désinfection.

Art. 61. — Les personnes qui voudront expédier des matières de la nature de celles qui sont mentionnées à l'article 21 devront les déclarer au moment où elles les apporteront dans les gares du chemin de fer.

Art. 62. — Aucun animal ne sera admis dans les voitures servant au transport des voyageurs.

Toutefois, la compagnie pourra placer dans des *compartiments* spéciaux les voyageurs qui ne voudraient pas se séparer de leurs chiens, pourvu que ces animaux soient muselés, en quelque saison que ce soit.

En outre, des exceptions pourront être autorisées pour les animaux de petite taille convenablement enfermés.

Art. 63. — Les cantonniers, gardes-barrières et autres agents du chemin de fer devront faire sortir immédiatement toute personne qui se serait introduite dans l'enceinte du chemin ou dans quelque portion que ce soit de ses dépendances où elle n'aurait pas le droit d'entrer.

En cas de résistance de la part des contrevenants, tout employé du chemin de fer pourra requérir l'assistance des agents de la force publique.

Les *animaux* abandonnés, qui seront trouvés dans l'enceinte du chemin de fer, seront saisis et mis en fourrière.

TITRE VII

Dispositions diverses.

Art. 64. — Dans tous les cas où, conformément aux dispositions du présent règlement, le Ministre des Travaux publics devra statuer sur la proposition d'une compagnie, la compagnie sera tenue de lui soumettre cette proposition dans le délai qu'il aura déterminé, faute de quoi le Ministre pourra statuer directement.

Si le Ministre pense qu'il y a lieu de modifier la proposition de la compagnie, il devra, sauf le cas d'urgence, entendre la compagnie avant de prescrire les modifications.

Art. 65. — *Si les installations de certaines gares, leur personnel ou le matériel roulant sont insuffisants pour permettre à la compagnie d'assurer dans les circonstances normales la marche régulière du service, en observant les conditions et délais déterminés par les règlements et les tarifs, la compagnie, sur la mise en demeure qui lui sera adressée par le Ministre, devra prendre les mesures nécessaires pour y pourvoir.*

Faute par elle d'avoir présenté au Ministre, dans le délai imparti par la mise en demeure, des propositions ou des projets suffisants, le Ministre statuera directement.

Art. 66. — Aucun crieur, vendeur ou distributeur d'objets quelconques ne pourra être admis par les compagnies à exercer sa profession dans les cours ou bâtiments des gares qu'en vertu d'une autorisation spéciale du préfet du département.

Art. 67. — Les attributions données aux préfets des départements par le présent décret seront exercées par le préfet de police dans toute l'étendue de son ressort.

Art. 68. — *Le Ministre des Travaux publics déterminera, la compagnie entendue, les dispositions relatives à la durée du travail des agents qu'il jugera nécessaires à la sécurité de l'exploitation.*

Art. 69. — Tout agent employé sur les chemins de fer sera revêtu d'un uniforme ou porteur d'un signe distinctif.

Art. 70. — Nul ne peut être employé en qualité de mécanicien conducteur de train ou de chauffeur, s'il ne produit des certificats de capacité délivrés dans les formes qui seront déterminées par le Ministre des Travaux publics.

Art. 71. — Aux *gares* désignées par le Ministre, les compagnies entretiendront les médicaments et moyens de secours nécessaires en cas d'accident.

Art. 72. — Il sera tenu dans chaque *gare* un registre destiné à recevoir les réclamations des voyageurs, *expéditeurs ou destinataires* qui auraient des plaintes à former, soit contre la compagnie, soit contre ses agents. Ce registre sera présenté à toute réquisition des voyageurs, *expéditeurs ou destinataires, et communiqué sur place aux fonctionnaires et agents du contrôle.*

Dès qu'une plainte aura été inscrite sur le registre, le chef de gare devra en envoyer copie au commissaire de surveillance administrative de la circonscription.

Art. 73. — Les registres mentionnés aux articles 9, 20, 42 et 72 seront cotés et paraphés par le *commissaire de surveillance administrative.*

Art. 74. — Des exemplaires du présent décret seront constamment affichés dans les *gares*, à la diligence des compagnies.

Le conducteur principal d'un train en marche devra également être muni d'un exemplaire du décret.

Des extraits devront être délivrés, chacun pour ce qui le concerne, aux mécaniciens, chauffeurs, gardes-freins, cantonniers, gardes-barrières et autres agents employés sur le chemin de fer.

Des extraits, en ce qui concerne les règles à observer par les voyageurs pendant le trajet, devront être placés dans chaque *compartiment.*

Art. 75. — *Sur les lignes où il sera fait usage de l'énergie électrique pour la traction des trains, le Ministre des Travaux publics pourra autoriser des dérogations au présent décret, justifiées par ce mode spécial de traction.*

Art. 76. — Seront constatées, poursuivies et réprimées, conformément au titre III de la loi du 15 juillet 1845 sur la police des chemins de fer, les contraventions au présent décret, aux décisions rendues par le Ministre des Travaux publics, et aux arrêtés pris sous son approbation, *s'il y a lieu*, par les préfets, pour l'exécution dudit *décret.*

Art. 77. — *Pour l'application du présent décret aux chemins de fer d'intérêt local, les attributions conférées au Ministre des Travaux publics seront exercées par le préfet, si elles ne sont déjà réservées soit, au Ministre, soit à d'autres autorités, par les lois et règlements.*

Art. 78. — *Le présent décret ne sera pas applicable aux tramways, qui resteront soumis aux règlements d'administration publique pris en exécution de la loi du 11 juin 1880.*

EMILE LOUBET.

Par le Président de la République :
Le Ministre des Travaux publics,

PIERRE BAUDIN.

CHEMINS DE FER D'INTÉRÊT LOCAL ET TRAMWAYS

Examen des projets de cahiers des charges, en conférences avec les Directeurs des Postes et Télégraphes.

Paris, le 4 juin 1901.

Le Ministre des Travaux Publics à Monsieur le Préfet d...

Une circulaire de l'un de mes prédécesseurs, en date du 10 juillet 1882, dispose qu'avant toute approbation des cahiers des charges des chemins de fer d'intérêt local par les Assemblées départementales, MM. les Ingénieurs en chef des Ponts et Chaussées devront entrer en conférences avec MM. les Directeurs départementaux des Postes et des Télégraphes, pour l'examen des stipulations à insérer dans ces cahiers des charges, en ce qui concerne les deux services dont il s'agit.

M. le Ministre du Commerce, de l'Industrie, des Postes et des Télégraphes m'a fait connaître que dans certains cas, les dispositions qui précèdent avaient été perdues de vue.

Mon Collègue fait remarquer de plus que, bien qu'il ne puisse être question de demander pour les tramways des stipulations identiques à celles imposées aux chemins de fer d'intérêt local, il existe un certain nombre de lignes de l'espèce qui, reliant, entre elles des localités assez éloignées, rendent aux habitants de la contrée qu'elles traversent les mêmes services que les lignes de chemin de fer, et pourraient être utilisées par l'Administration des Postes et des Télégraphes au même titre que celles-ci, du moins partiellement, dans l'intérêt des populations, M. le ministre du Commerce demande,

en conséquence, que les représentants locaux des Postes et des Télégraphes
soient mis à même de proposer et de justifier pour les tramways comme
pour les chemins de fer d'intérêt local, les dispositions additionnelles qui
leur semblent de nature à améliorer les services postaux et télégraphiques
de la région intéressée.

En présence de la demander de M. le Ministre du Commerce, de l'Industrie, des Postes et des Télégraphes, je vous prie, Monsieur le Préfet, d'invi-
ter M. l'Ingénieur en chef de votre département à ne pas perdre de vue les
dispositions de la circulaire du 10 juillet 1882, et de lui faire connaître, en
outre, que ces dispositions sont étendues aux entreprises de tramways à
traction mécanique, pour voyageurs et marchandises.

Le concessionnaire ou rétrocessionnaire devra dans tous les cas être appelé
à formuler ses observations, qui devront être reproduites dans le procès-
verbal de la conférence.

J'appelle votre attention sur l'intérêt qui s'attache à ce que la conférence
ait lieu en temps utile pour que le Conseil Général du département (ou le Conseil Municipal lorsqu'il s'agit de lignes à concéder ou à rétrocéder par une
mune) puisse en apprécier les résultats au moment où il aura à approuver
le cahier des charges.

Je vous prie de m'accuser réception de la présente circulaire, dont j'adresse
ampliation à M. l'Ingénier en chef.

Pierre Baudin.

CHEMINS DE FER D'INTÉTÊT LOCAL ET TRAMWAYS
DÉPARTEMENTAUX

Travaux entrepris avant déclaration d'utilité publique.

Paris, le 22 juillet 1901.

Le Président du Conseil, Ministre de l'Intérieur et des Cultes, à Messieurs
les Préfets.

La concession d'un chemin de fer d'intérêt local ou d'un tramway peut
avoir de graves conséquences pour les finances d'un département ou d'une
commune. La tutelle exercée par le Ministère de l'Intérieur sur les autorités
locales lui a permis de se faire sur ce point une opinion en toute connaissance de cause. Nombreux, en outre, sont les services publics intéressés
au bon fonctionnement d'une entreprise de cette nature : services chargés
de la conservation et de l'entretien des routes ou des chemins de tout genre,
service de la navigation, des chemins de fer déjà construits, des postes et
télégraphes. Les autorités militaires, dans bien des cas, doivent également
intervenir et d'une manière prépondérante, à raison des nécessités de la
défense nationale. Il y a même souvent des intérêts particuliers très sérieux
en jeu. Il importe donc que des projets aussi complexes soient étudiés avec
toute la maturité et toute la réflexion désirables.

La loi du 11 juin 1880 a établi à cet effet une série de dispositions extrêmement prudentes et sages. Elle n'a pas craint de multiplier les formalités, au risque même d'être accusée d'une excessive minutie, pour permettre à tous les intérêts engagés de se manifester à un moment quelconque de la procédure et pour leur donner toute facilité de se défendre. Elle a voulu que personne ne pût se plaindre d'avoir été empêché de formuler une objection qu'il croyait bonne et-elle a pensé que l'utilité publique exigeait que toutes les observations fussent entendues.

Aussi n'a-t-on jamais pu reprocher à un projet d'avoir été insuffisamment étudié, lorsque toutes les prescriptions de la loi de 1880 avaient été observées. Mais il s'est introduit, depuis un certain temps, dans l'Administration, une pratique qui risque de déjouer les prévisions du législateur et contre laquelle il convient de réagir. Les formalités de la loi et les études qu'elles rendent nécessaires entrainent des délais qui se concilient mal souvent avec l'impatience des intéressés à voir exploiter la ligne qu'ils réclament. Sous la pression des Assemblées locales, obéissant elles-mêmes à l'opinion publique, il est arrivé que pour hâter cette exploitation, les Préfets ont autorisé les concessionnaires à effectuer les travaux avant que toutes les formalités ne fussent remplies, et on a vu fréquemment une ligne fonctionner longtemps avant la déclaration d'utilité publique. Lorsque, dans un cas pareil, un des services intéressés, poursuivant son examen, réclamait une modification au projet exécuté sans son assentiment, on se trouvait en présence de deux conséquences également fâcheuses : ou bien le changement était effectué, entraînant une augmentation de dépenses parfois sensible, ou bien on reculait devant la dépense même, et l'intérêt du service se trouvait sacrifié. Il n'était pas rare même de voir le service, dans ces conditions, hésiter à demander la rectification qu'il jugeait pourtant nécessaire et les agents étaient amenés à se détacher ainsi des intérêts dont ils avaient la garde. Parfois, au contraire, un conflit éclatait entre l'autorité locale et le Pouvoir central, et lo Ministère des Travaux publics s'est trouvé, dans bien des cas, en présence de situations pareilles ; les inconvénients qui se produisaient alors n'étaient pas moins regrettables.

Il a paru à M. Baudin que, pour couper court à cet état de choses, il était nécessaire de supprimer la pratique d'où il provenait et de rappeler à tous le respect de la légalité. Dans ces vues, mon Collègue vous a adressé, le 20 février, dernier, une circulaire vous invitant à ne plus accorder aucune autorisation provisoire, à n'user d'aucune tolérance et à ne jamais souffrir l'établissement d'une ligne ferrée d'intérêt local avant la déclaration d'utilité publique qui la consacre. M. le Ministre des Travaux publics tient essentiellement à ce que ses prescriptions soient scrupuleusement observées et il m'a demandé de les corroborer, en vous en signalant à mon tour, l'extrême importance. D'ailleurs, ainsi que M. le Ministre des Travaux publics vous l'a fait connaître, des mesures ont été prises par son Administration et, je puis ajouter, par toutes les Administrations en cause, pour que l'étude des projets soit menée avec toute la célérité désirable et que l'établissement de lignes utiles à un pays ne subissent aucun retard du fait de l'accomplissement régulier des mesures d'instruction préalable à leur autorisation.

Par le Président du Conseil,
Ministre de l'Intérieur et des Cultes,
Le Conseiller d'Etat
Directeur de l'Administration départementale et communal.
` ` Bruman.

CHEMINS DE FER D'INTÉRÊT LOCAL ET TRAMWAYS

Application de l'article 4 du décret du 8 septembre 1878 aux lignes s'étendant sur plus d'un département.

Paris, le 19 octobre 1901.

Le Ministre des Travaux publics à Monsieur le Préfet d....

Aux termes de l'article 4 du décret du 8 septembre 1878, portant règlement d'administration publique sur la délimitation de la zone frontière et la réglementation des travaux mixtes, « toutes les fois qu'un travail public devra être exécuté sur le territoire de plusieurs arrondissements de service, les directeurs et les ingénieurs en chef auront la faculté de désigner un officier ou un ingénieur qui représentera son service dans la conférence unique à tenir pour l'examen de ce travail, et qui recevra à cet effet la délégation spéciale mentionnée à l'article 12 du décret du 16 août 1853.

« Cette désignation sera faite par les Ministres compétents, si le travail s'étend sur le territoire de plusieurs départements ou directions. Dans ce cas, la disposition du paragraphe précédent s'appliquera également au second degré de l'instruction ».

Lorsqu'un chemin de fer d'intérêt local ou un tramway est projeté sur le territoire de plus d'un département, il arrive que chacun des ingénieurs en chef provoque une conférence mixte spéciale, pour la partie de la ligne située dans le département auquel il est attaché.

M. le Ministre de la Guerre a appelé mon attention sur les inconvénients qu'offre cette façon de procéder. Il a fait remarquer que la présentation successive à l'instruction mixte des projets concernant les différentes parties d'une même voie ferrée ne permet pas à l'Administration de la Guerre d'avoir une vue d'ensemble sur l'intérêt que présentent les travaux au point de vue de la défense générale du territoire. En outre, la tenue de conférences distinctes entre les représentants, différents pour chaque circonscription, des Administrations intéressées, ne peut que compliquer l'étude des affaires et provoquer des retards dans la clôture des instructions mixtes. Les dispositions précitées de l'article 4 du décret du 8 septembre 1878 ont précisément pour but d'éviter ces inconvénients, en indiquant une procédure simplifiée qu'il serait bon de ne pas perdre de vue.

Je reconnais avec M. le Ministre de la Guerre l'intérêt qui s'attache à ce

que les projets de voies ferrées d'intérêt local ou de tramways soient présent
tés à l'instruction mixte non par portions successives, mais dans leur ensemble, et qu'il soit fait application de l'article 4 du décret du 8 septembre 1878.

Dans ce but, MM. les Ingénieurs en chef des divers départements que doit
traverser une ligne de cette nature (chemin de fer d'intérêt local ou tramway)
auront, après s'être concertés ensemble, à me faire parvenir, par l'intermédiaire des Préfets, des propositions pour me permettre de désigner l'Ingénieur ordinaire et l'Ingénieur en chef qui devront prendre part à la conlé-
rence, au premier et au second degré, et de demander à M. le Ministre de
la Guerre de désigner les officiers appelés à représenter son Département.

Je vous prie, Monsieur le Préfet, de m'accuser réception de la présente
circulaire, dont j'adresse ampliation à MM. les Ingénieurs.

PIERRE BAUDIN.

CIRCULAIRE

Du Ministre des Travaux publics aux Préfets, relative aux transports postaux sur les chemins de fer d'intérêt local et les tramways.

Paris, le 22 janvier 1902.

A Monsieur le Préfet du Département d....,

Aux termes des cahiers des charges annexés au décret du 6 août 1881, les
Compagnies de chemnis de fer d'intérêt local et de tramways sont tenues à
certaines obligations en ce qui concerne le transport des dépêches postales.

D'après une communication de M. le Sous-Secrétaire d'Etat des Postes et
des Télégraphes, l'Administration des Postes ne retire pas de ces stipulations
tous les avantages qu'elle est en droit d'en attendre, et il peut même se produire que l'ouverture d'une ligne nouvelle augmente ses charges, par ce
motif que, les horaires des trains n'étant pas favorables, on est obligé soit
de requérir, moyennant une redevance, la formation de convois spéciaux,
soit de maintenir, à grands frais, les transports par terre préexistants.

D'un autre côté, les compartiments ou les espaces équivalents que les Compagnies affectent parfois aux courriers ne répondent pas toujours aux besoins
du service. Dans certains cas, en effet, ces compartiments ne sont pas complètement clos et absolument séparés des voyageurs, d'où insécurité pour les
courriers et les dépêches et, sur d'autres points, les espaces réservés à la
poste, en dehors des voitures à voyageurs, ne se prêtent pas toujours aux
exigences du service.

Pour remédier à cette situation et sauvegarder les intérêts du Trésor,
M. le Sous-Secrétaire d'Etat demande que les heures ordinaires de départ des
trains locaux et des tramways soient, autant que possible, mis en correspondance avec l'arrivée des correspondances de Paris, et réciproquement,
et qu'il y ait également conïcidence entre les heures de départ et d'arrivée de

ces trains ou tramways sur les lignes qui sont reliées entre elles. Les Directeurs Départementaux des Postes et des Télégraphes devraient dès lors être appelés à donner leur avis au moment des modifications de la marche des trains ; ils seraient également consultés au sujet des emplacements à réserver dans les trains d'intérêt local et les tramways pour le service des postes.

Je vous prie d'examiner dans quelle mesure il serait possible de donner satisfaction à la demande de M. le Sous-Secrétaire d'Etat, tout en restant dans les termes du cahier des charges et sans qu'il puisse en résulter de retards anormaux dans l'approbation des horaires.

Veuillez m'accuser réception de la présente circulaire.

Par autorisation :

Le Conseiller d'Etat, Directeur des Chemins de fer.

D. Pérouse.

CHEMINS DE FER D'INTÉRÊT LOCAL ET TRAMWAYS CONCEDÉS SOUS LE RÉGIME DU LA LOI Du 11 JUIN 1880

Durée des subventions accordées par l'Etat.

Paris, le 12 août 1902.

Monsieur le Préfet,

En vue de la déclaration d'utilité publique de lignes de chemins de fer d'intérêt local ou de tramways sous le régime de la loi du 11 juin 1880, certains départements croient devoir prendre des engagements financiers s'étendant sur une période fort longue et, par suite, sollicitent le concours de l'Etat pour une période de même durée.

Or, s'il est rationnel de répartir l'amortissement des capitaux empruntés sur un nombre d'années assez élevé pour que la dépense annuelle ne soit pas excessive, il convient de se préoccuper de l'importance des charges totales qu'un amortissement trop prolongé occasionne à l'Etat et aux départements. Sans doute, on peut faire remarquer que les différences de charges annuelles, qui sont très sensibles lorsqu'on compare des périodes de courte durée, s'atténuent, dans des proportions très appréciables, dès que le nombre des années assignées pour le remboursement de la dette atteint par exemple 65 ans. Mais si, lorsqu'on arrive à ces chiffres, une prolongation de quelques années cesse de pouvoir être considérée comme constituant une réduction de charges annuelles appréciable, par contre, la dépense totale résultant de cette extension de délai se trouve singulièrement accrue.

En s'inspirant de ces considérations et pour tenir compte des différents intérêts en présence, les départements de l'Intérieur, des Finances et des Travaux publics ont cru devoir décider, d'un commun accord, que désormais les subventions qui seraient accordées par le Trésor aux lignes de chemins de fer d'intérêt local oude tramways ne dépasseront pas une durée de 65 ans.

Vous devrez donc porter cette disposition à la connaissance du Conseil général de votre département, en appelant son attention sur ce fait que les engagements pris par le département au delà de cette période resteraient exclusivement à sa charge. Vous ajouterez que, d'après la jurisprudence du Conseil d'Etat, la création des ressources départementales extraordinaires destinées à assurer l'exécution des engagements de cette nature ne saurait être autorisée pour une période dépassant 65 ans.

Il ne pourrait être apporté de dérogation à cette règle que si une nouvelle concession devait former, avec une concession antérieure, un réseau complet exploité dans des conditions identiques, pour ses diverses lignes : dans ce cas spécial, il serait exceptionnellement admis que la durée de la garantie de l'Etat pourrait dépasser la limite ci-dessus indiquée, de telle sorte que les subventions accordées pour l'ancienne et la nouvelle concession prissent fin à la même date.

Recevez, Monsieur le Préfet, l'assurance de notre considération la plus distinguée.

Le Président du Conseil,
Ministre de l'Intérieur et des Cultes,

E. Combes.

Le Ministre des Travaux publics,

Maruéjouls.

Le Ministre des Finances
Rouvier.

EXTRAIT DE L'ORDONNANCE GÉNÉRALE DE POLICE DU 10 JUILLET 1900 (1).

TITRE IV

VOITURES DE TRANSPORT EN COMMUN

CHAPITRE PREMIER

Tramways à traction de chevaux.

Art. 86. — L'exploitation des lignes de tramways à traction de chevaux est assujettie aux conditions suivantes, pour les sections comprises dans le Ressort de la Préfecture de Police.

1° Voie. — Voitures. — Chevaux. — Bureaux, etc.
Entretien de la voie et du matériel.

Art. 87. — La voie ferrée et tout le matériel servant à l'exploitation seront constamment maintenus dans un bon état d'entretien et de propreté, de manière que la circulation soit toujours facile et sûre.

(1) Cette ordonnance régit la conduite et la circulation des voitures dans Paris et les communes du ressort de la Préfecture de police.

Sécurité de la circulation.

ART. 88. — Les Compagnies seront tenues de prendre, à leurs frais, partout où la nécessité en sera reconnue par Nous, sur l'avis des Ingénieurs du Contrôle, et eu égard au mode d'exploitation employé, toutes mesures nécessaires pour assurer la liberté et la sécurité du passage des voitures et des trains sur la voie ferrée, ainsi que la liberté et la sécurité de la circulation ordinaire sur les routes et chemins que suit ou traverse la voie ferrée·

Signaux. — Eclairage des travaux.

ART. 8q. — Lorsqu'un atelier de réparation sera établi sur une voie, des signaux devront indiquer si l'état de la voie ne permet pas le passage des voitures ou s'il suffit de ralentir la marche.

Toute fouille restant ouverte, et tout dépôt de matériaux sur la voie ferrée, seront éclairés et gardés au besoin pendant la nuit. Le signal d'arrêt sera donné : pendant le jour, par un fanion rouge déployé : pendant la nuit, par un feu rouge. Le signal de ralentissement sera constitué : pendant le jour, par un fanion vert déployé ; pendant la nuit, par un feu vert.

Interruption du service. — Transbordement.

ART. 90. — En cas d'interruption de la voie ferrée pour une cause quelconque, les Compagnies pourront être tenues de rétablir provisoirement les communications, soit en déplaçant momentanément leurs voies, soit en employant, pour la traversée de l'obstacle, des voitures ordinaires.

Matériel roulant. — Gabarit.

ART. 91. — Le matériel roulant qui sera mis en circulation sur les voies ferrées devra passer librement dans le gabarit dont les dimensions sont fixées conformément aux clauses des cahiers de charges annexés aux décrets de concession.

Construction des voitures

ART. 92. — Les Compagnies de transport en commun soumettront à la Préfecture de Police, avant exécution, les plans complets des voitures à voyageurs qu'elles auront l'intention de mettre en service.

Les Compagnies ne doivent mettre ou maintenir en circulation que des voitures réunissant toutes les conditions de commodité et de propreté désirables.

Les voitures à voyageurs devront satisfaire aux prescriptions des articles 8, 9, 12, 13, 14 et 15 de l'ordonnance réglementaire du 15 novembre 1846 (1).

L'étage inférieur sera complètement couvert, garni de banquettes avec dossiers, ferme au moyen de glaces, au moins pendant l'hiver, muni de rideaux, et éclairé pendant la nuit, ainsi qu'il est prescrit par l'article suivant.

S'il existe un étage supérieur, il sera garni de banquettes avec dossiers ; on y accèdera au moyen d'escaliers qui seront munis, ainsi que les couloirs latéraux donnant accès aux places, de gardes-corps solides d'au moins 1 m. 10 c. de hauteur effective.

Les dossiers et les banquettes seront inclinés, et les dossiers seront à la hauteur des épaules des voyageurs.

Les voitures pourront comporter des places de plusieurs classes. La disposition de chaque classe sera conforme à nos prescriptions (1).

Eclairage.

ART. 93. — Les voitures seront pourvues d'appareils d'éclairage disposés de telle sorte que l'intérieur et l'impériale, si elle est couverte, soient convenablement éclairés.

Toute voiture de tramway à traction animale circulant sur une ligne ou section de ligne parcourue par des machines ou automobiles de tramways, portera extérieurement un feu blanc à l'avant et un feu rouge à l'arrière. Ces feux seront à réflecteurs : ils devront être allumés au coucher du soleil et ne pourront être éteints avant son lever. Ils devront également être allumés en cas de brouillard ou d'obscurité accidentelle ne permettant pas de découvrir la voie en avant de la voiture sur une longueur de plus de 50 mètres.

Des feux indicateurs de services ou de parcours pourront être disposés à l'extérieur des voitures, inépendamment des feux prescrits par le paragraphe qui précède, mais, en aucun cas, la couleur d'un feu visible de l'avant ne devra être rouge ou se rapprocher du rouge.

Chauffage.

ART. 94. — Les charbons ou briquettes ne pourront être utilisés comme mode de chauffage des voitures, que si les appareils destinés à les recevoir sont disposés de telle sorte que les gaz de la combustion se dégagent directement à l'extérieur.

Signal d'arrêt.

ART. 95. — Toutes les voitures seront munies d'un appareil spécial destiné à permettre au receveur de donner au cocher le signal d'arrêt.

Signal « COMPLET ».

ART. 96. — Il sera placé à l'avant et à l'arrière des voitures un appareil dit « COMPLET » qui devra être éclairé pendant la nuit.

Chasse-corps.

ART. 97. — Toutes les voitures seront pourvues de chasses-corps reconnus efficaces.

Girouette ou pavillon mobile. Inscriptions à l'intérieur et à l'extérieur des voitures.

ART 98. — Les voitures de tramways porteront à l'extérieur . 1º à l'avant et à l'arrière, sur une girouette ou pavillon mobile, l'indication du point d'arrivée ;

(1) Cette ordonnance a été modifiée par le décret du   (voir la page)

2º Sur les bandeaux, latéraux, l'indication des principaux points intermédiaires ou localités desservis ;

3º Sur un point extérieur, suffisamment apparent le nom de la Compagnie.

Indication du nombre, du numéro et du prix des places de la voiture et du genre des classes.

ART. 99. — Le numéro et le nombre des places de la voiture seront indiqués sur un tableau qui sera affiché dans les voitures, ainsi que le tarif de chaque classe.

Ce tableau portera, en outre, l'indication du nom ou des initiales des Compagnies.

Numérotage. — Estampillage.

ART. 100. — Les voitures seront numérotées et estampillées.

Le mode de ce numérotage, et toutes les opérations qui y sont relatives, sont fixés par les arrêtés spéciaux.

Les numéros seront constamment maintenus en bon état ; ils seront toujours parfaitement visibles.

Permis de circulation. — Laissez-passer de l'Administration des Contributions Indirectes. — Permis de stationnement.

ART. 101. — Aucune voiture ne pourra être mise en service qu'en vertu d'un permis de circulation indiquant le numéro et le nombre des places de la voiture.

Les permis de circulation seront délivrés par Nous, sur la proposition du Service du Contrôle, et sur l'avis de la Commission spéciale d'examen des voitures de tramways.

Lorsque l'une de ces voitures sera retirée du service, le permis de circulation sera immédiatement rapporté à la Préfecture de Police.

La remise en circulation sur une ligne de tramways d'une voiture, dont l'interdiction aura été prononcée, ou qui aura été retirée de la circulation à la suite d'avaries graves, ne pourra avoir lieu que sur la délivrance d'un nouveau permis, et après nouvel examen.

Toutes les voitures en service seront pourvues d'un permis de circulation, d'un laissez-passer délivré par l'Administration des Contributions Indirectes ; elles devront également porter l'estampille de la Préfecture de la Seine répondant au permis de stationnement.

Augmentation ou réduction du nombre des voitures. — Transfert d'une ligne à l'autre des numéros de police.

ART. 102. — Le nombre des voitures affectées à chaque ligne ne pourra être augmenté ni réduit sans autorisation.

Il est expressément défendu de transférer d'une ligne à l'autre les numéros de police des voitures.

Visites générales.

ART. 103. — Les Compagnies seront tenues de présenter à la visite générale, chaque fois que l'Administration le jugera nécessaire, les voitures, les chevaux et les harnais.

Annonces.

ART. 104. — Aucune annonce ou réclame d'intérêt privé ne pourra être inscrite ou placardée, ni à l'intérieur, ni sur les glaces des voitures, sans notre autorisation.

Aucun numéro autre que celui d'ordre ou de police, aucune affiche autre que celles relatives au service, ne pourront être apposés à l'extérieur.

Accidents.

ART. 105. — En cas d'accident, avis en sera immédiatement envoyé, par les soins des agents des Compagnies et par les voies les plus rapides, à notre Préfecture, à l'Ingénieur en chef, à l'Ingénieur et à l'Inspecteur du Contrôle.

Les Compagnies ou leurs agents devront aviser immédiatement les Ingénieurs et Inspecteurs du Contrôle :

1o Des changements apportés, soit au service, soit aux horaires, notamment des interruptions partielles ou totales de service, des changements d'itinéraires, des organisations de services en voie unique ou sur des voies provisoires ;

2o Des retards ayant dépassé un quart d'heure, des courses supprimées sur tout ou partie du parcours normal.

Stationnement des voitures.

ART. 106. — Il ne pourra y avoir en station un plus grand nombre de voitures que celui qui aura été autorisé.

Sur les emplacements réglementaires, toute voiture devra être gardée, à moins qu'il n'y existe des chaines de sûreté pour attacher les chevaux de la première voiture.

Arrêts des voitures.

ART. 107. — En exécution des clauses des cahiers de charges, les tramways à traction de chevaux s'arrêteront en pleine voie pour prendre ou laisser des voyageurs sur tous les points du parcours.

Les arrêts en pleine voie ne pourront avoir lieu, ni dans les carrefours, ni aux amorces des rues.

Ces arrêts ne dureront que le temps strictement nécessaire pour laisser monter ou descendre les voyageurs.

Horaires. — Tableaux indicatifs.

ART. 108. — Les horaires à appliquer sur les lignes de tramways seront fixés par des arrêtés spéciaux.

Ils seront portés à la connaissance du public au moyen de tableaux imprimés, revêtus de l'estampille de la Préfecture de Police, qui seront affichés dans les voitures et dans les bureaux desservant les lignes auxquelles ils s'appliquent.

Ces tableaux, dont le modèle sera arrêté par Nous pour chaque ligne, indiqueront, suivant nos prescriptions, soit les heures des premiers et derniers départs, ainsi que les intervalles moyens ou maximum entre les départs, soit les heures de départ de chaque voiture et, s'il y a lieu, les heures auxquelles chaque voiture doit arriver aux stations intermédiaires et en repartir.

Avis rolatif à l'usage des correspondances.

Art. 109. — Un avis imprimé indiquant les différentes lignes correspondant entre elles, et la marche à suivre pour faire usage des correspondances, sera constamment affiché dans les bureaux.

Un avis imprimé indiquera, dans chaque voiture, les différentes lignes en correspondance avec ladite voiture.

Chevaux impropres au service.

Art. 110. — L'usage des chevaux atteints de maladies ou d'infirmités qui les rendraient impropres au service est formellement interdit.

Nombre de préposés à la conduite des voitures.

Art. 111. — A moins d'autorisation spéciale, il y aura, pour chaque voiture, un cocher et un receveur.

Bureaux.

Art. 112. — Aucun bureau de station, de contrôle ou de correspondance ne sera ouvert ou supprimé, sur le parcours des itinéraires, sans notre autorisation.

Ces bureaux auront une dimension suffisante pour recevoir temporairement les voyageurs qui attendent le passage ou l'arrivée des voitures. Ces bureaux et leurs abords seront tenus dans un état constant de propreté.

Limites.

Art. 113. — Les points de la voie publique à partir desquels les receveurs ne pourront plus admettre, à Paris, de voyageurs dans leurs voitures, aux abords des bureaux, seront fixés par décisions spéciales, et affichés à l'intérieur des bureaux.

Numéros d'ordre pour l'admission dans les voitures.

Art. 114. — Tous les bureaux de départ ou de station seront pourvus de numéros d'ordre pour l'admission des voyageurs dans les voitures.

Registre de plaintes.

Art. 115. — Dans chaque bureau, il sera tenu un registre coté et paraphé par Nous, et destiné à recevoir les plaintes du public relatives au service.

Un avis indiquant l'existence de ce registre sera affiché dans les bureaux et dans les voitures.

Ce registre sera représenté à toute réquisition du public et des agents de l'autorité.

Une enquête sera immédiatement ovverte par les Compagnies de tramways au sujet de chaque plainte, et le résultat en sera transmis directement, ainsi que copie de la plainte, à la Préfecture de Police.

Le rapport d'enquête mentionnera également la peine disciplinaire infligée, le cas échéant, à l'agent signalé, mais l'Administration se réserve de reviser, s'il y a lieu, les décisions prises à ce sujet par les Compagnies, et d'aviser ensuite les voyageurs de la suite donnée à leurs plaintes.

Le registre de plaintes sera communiqué, en outre, à toute réquisition des agents du Contrôle.

2⁰ Obligations imposées aux Compagnies.

Déclarations de service.

Art. 116. — Les Compagnies concessionnaires de lignes de tramways devront déclarer à la Préfecture de Police, chaque fois qu'il y aura lieu :

1⁰ Le nombre et la situation de leurs dépôts ;

2⁰ Les voitures qu'elles voudront mettre en circulation ;

3⁰ Le nombre des places que contiendront les voitures, soit à l'intérieur, soit à l'extérieur ;

4⁰ Les emplacements et bureaux d'où partiront les voitures, soit à Paris, soit dans les communes du Ressort de la Préfecture de Police ;

5⁰ Les itinéraires à suivre ;

6⁰ Les localités desservies par leurs voitures ;

7⁰ Le tarif du transport des voyageurs ;

8⁰ Les heures de départ et d'arrivée des voitures, ainsi que les intervalles à observer entre les départs.

Propositions de service.

Art. 117. — Les Compagnies seront tenues de soumettre à l'Administration leurs propositions relatives à l'exploitation, dans le délai qui sera fixé par Nous, faute de quoi il sera statué directement.

S'il y a lieu de modifier ces propositions, et sauf le cas d'urgence, les Compagnies seront entendues avant la prescription des modifications dont il s'agit.

Personnel employé par les Compagnies.

Art. 118. — Les Compagnies ne pourront employer que des contrôleurs, cochers et receveurs pourvus d'une autorisation délivrée par Nous.

Avant d'engager à leur service l'un de ces employés, les Compagnies devront retirer, à la Préfecture de Police, son autorisation.

Lorsque ces employées cesseront leur service, les Compagnies rapporteront, dans les vingt-quatre heures, leur autorisation à la Préfecture de Police.

Il est formellement interdit d'employer un contrôleur, un cocher ou un receveur auquel l'autorisation aura été retirée.

Registre d'inscription des contrôleurs, cochers et receveurs.

Art. 119. — Les Compagnies inscriront sur des registres spéciaux : les noms, prénoms et domiciles de leurs contrôleurs, cochers et receveurs, ainsi que le numéro de leur inscription à la Préfecture de Police.

Ces registres devront être tenus constamment à jour.

Les Compagnies devront, en outre, prendre les mesures nécessaires pour conserver en note sur des feuilles de service les noms des cochers ou receveurs auxquels aura été confiée, chaque jour, la conduite ou la surveillance d'une voiture.

Ces registres et feuilles de service seront représentés à toute réquisition des agents de l'autorité ou du Contrôle :

1° Au siège social de la Compagnie ;

2° Au Bureau d'attributions, aux fins de vérification, à toute injonction émanée de l'Administration.

Les Compagnies devront conserver ces registres et ces feuilles pendant une année, à dater du jour de la dernière inscription.

Règlements du service intérieur.

Art. 120. — Les Compagnies soumettront à notre approbation les règlements du service intérieur relatifs à l'exploitation de leurs réseaux de voies ferrées.

Dépôt des objets trouvés.

Art. 121. — Les Compagnies devront veiller à ce que les objets trouvés dans les voitures soient déposés à la Préfecture de Police dans les quarante-huit heures, s'ils n'ont pu être rendus sur-le-champ à leurs propriétaires.

3° Contrôleurs. — Cochers. — Receveurs.

A. — Dispositions communes à tous ces employés.

Conditions d'admission. — Autorisation.

Art. 122. — Nul ne pourra conduire une voiture ou exercer la profession de contrôleur ou receveur, s'il n'est porteur d'une autorisation délivrée par Nous à cet effet.

Le postulant devra fournir, à l'appui de sa demande, son extrait de naissance, un certificat authentique de résidence, et une lettre d'acceptation de la Compagnie qui l'engage à son service.

Uniforme.

Art. 123. — Les contrôleurs, les receveurs et les cochers attachés au service des tramways, ainsi que les agents assermentés, porteront un uniforme dont le modèle sera approuvé par Nous.

Il leur est formellement interdit de le quitter pendant le service.

Pièces à porter pendant le service, à représenter aux agents de l'autorité, et à rendre en cas de cessation de service.

Art. 124. — Les contrôleurs, receveurs et cochers devront toujours être porteurs, pendant le service, de leur autorisation.

Les receveurs auront, en outre, en leur possession :

1º Le permis de circulation de la voiture ;

2º Le laissez-passer délivré par l'Administration des Contributions Indirectes.

Les pièces dont il s'agit devront être représentées à toute réquisition des agents de l'autorité.

En cas de cessation de service, les permis de circulation et les laissez-passer seront immédiatement remis par les intéressés aux Compagnies.

Tous ces employés devront, en outre, avant leur départ, remettre aux Compagnies leurs autorisations respectives.

En cas de refus de la part de ces agents, les Compagnies devront en faire la déclaration à la Préfecture de Police, dans les vingt-quatre huures.

Prêt de voiture ou de pièces réglementaires.

Art. 125. — Les cochers ne pourront confier à qui que ce soit la conduite de leur voiture.

Les contrôleurs, cochers et receveurs ne pourront se dessaisir des diverses pièces indiquées à l'article précédent.

Objets trouvés.

Art. 126. — Pendant le trajet et à chaque terminus, et, autant que possible, avant que les voyageurs se soient éloignés, les receveurs visiteront l'intérieur et l'impériale de leurs voitures.

Lorsque les objets trouvés n'auront pu être remis sur-le-champ à leurs propriétaires, ils devront être déposés, dans les quarante-huit heures, à la Préfecture de Police.

Les cochers sont astreints au même dépôt si les objets ont été trouvés par eux.

Enfin, les contrôleurs déposeront, dans le même délai, les objets oubliés par les voyageurs à l'intérieur des bureaux d'attente ou de correspondance.

Impolitesse. — Grossièretés. — Brutalité.

Art. 127. — Toute impolitesse, tout acte de grossièreté ou de brutalité de la part des contrôleurs, cochers ou receveurs seront réprimés.

Les contrevenants seront passibles, suivant les cas, de poursuites judiciaires ou de peines disciplinaires.

Retrait de l'autorisation.

Art. 128. —En cas d'infraction aux règlements, de plaintes graves ou réitérées, ou pour tout autre motif qui intéresserait la sécurité publique, l'autorisation sera retirée temporairement ou définitivement.

Défense de fumer.

Art. 129. — Il est interdit aux cochers, aux contrôleurs et aux receveurs de fumer pendant le service.

B. — Dispositions spéciales aux contrôleurs.

Renseignements à fournir aux voyageurs. Remise ou présentation du registre de plaintes.

Art. 130. — Les contrôleurs devront donner aux voyageurs qui le demandent tous les renseignements concernant le service.

Ils remettront ou représenteront, à toute réquisition du public ou des agents, le registre de plaintes mentionné en l'article 115.

Distribution des numéros d'ordre.

Art. 131. — Ils remettront à chaque voyageur, sur sa demande, un numéro indicatif de l'ordre dans lequel il devra être admis dans les voitures.

Défense d'abandonner les bureaux.

Il est interdit aux contrôleurs, pendant le service, d'abandonner les bureaux dont ils ont la surveillance.

C. — Dispositions spéciales aux cochers.

Arrêt des voitures. — Démarrage.

Art. 133. — Les cochers sont tenus d'arrêter le plus promptement possible, au signal qui leur sera donné par les receveurs ou par les voyageurs, toutes les fois qu'il y aura à prendre ou à déposer des voyageurs, ou à l'appel du public, à moins que la voiture ne soit complète.

Ces temps d'arrêt devront s'effectuer de manière à ne pas gêner la circulation. Ils ne dureront que le temps strictement nécessaire pour laisser monter ou descendre les voyageurs.

En cours de route et aux stations, les cochers ne devront également se remettre en marche que sur le signal des receveurs.

Dans tous les cas, le démarrage des véhicules se fera sans secousse ni recul.

Appareil sonore avertisseur. — Usage.

Art. 134. — Pendant le trajet, le cocher devra signaler l'approche du véhicule au moyen d'une trompe, d'une corne, ou de tout instrument du même genre, approuvé par Nous, afin que les piétons, ainsi que les charretiers et les conducteurs de voitures ou d'animaux, puissent se garer en temps utile.

Il donnera spécialement ce signal au croisement de toutes les voies importantes.

Il ne devra, toutefois, en aucun cas, abuser du signal sonore.

Ralentissement de la marche.

Art. 135.   Le cocher devra réduire l'allure de son attelage si les circonstances l'exigent ; il devra même arrêter sa voiture toutes les fois qu'il verra, soit des personnes en danger, soit des obstacles sur la voie.

Tout croisement ou toute bifurcation de lignes de tramways, et toute aiguille prise en pointe, devront être franchis a la vitesse de l'homme au pas.

Distance a observer entre les voitures ou les trains.

Art. 136. — Lorsque, par une circonsʼance quelconque, des voitures en marche tendront à rejoindre un train ou une voiture qui les précède, les cochers devront ralentir leur marche de manière à conserver un intervalle d'au moins 50 mètres entre la voiture qu'ils conduisent et le train ou la voiture qui les précédera.

Cet intervalle sera réduit à cinq mètres si le train ou la voiture qui précède est arrêté en station ou en un point d'arrêt fixe ; mais l'allure devra être ramenée à la vitesse du pas pour franchir les 45 mètres précédant cet arrêt provisoire.

D. — Dispositions spéciales aux receveurs.

Ordre d'arrêt ou de mise en marche. — Aide aux voyageurs.

Art. 137. — Les receveurs seront tenus de faire arrêter leurs voitures toutes les fois qu'ils auront à prendre ou à déposer des voyageurs. Ils aideront les voyageurs, et surtout les femmes et les enfants, à monter et à descendre.

Les receveurs ne pourront donner aux cochers le signal de mise en marche que lorsque les voyageurs qui descendront auront quitté le marchepied de la voiture, ou lorsque ceux qui monteront auront pris place.

Délivrance des tickets de correspondance et indications y relatives.

Art. 138. — A l'intérieur de Paris, les receveurs délivreront aux voyageurs, sur leur demande, des tickets leur donnant le droit d'accès dans les voitures de l'une des lignes correspondant entre elles aux bureux du contrôle. Les tickets porteront la date du jour, ainsi que le numéro de la voiture sur laquelle ils auront été délivrés, ou un signe permettant d'y suppléer.

Les receveurs annonceront à haute voix, en arrivant aux bureaux de correspondance, la désignation du bureau touché.

Manœuvre du signal « COMPLET ».

Art. 139. Lorsque toutes les places d'intérieur et de plates-formes seront occupées, les receveurs découvriront le signal : « COMPLET » ; ils le couvriront dès qu'une vacance se produira.

Surcharge.

Art. 140. — Les receveurs ne doivent admettre dans les voitures plus de personnes que ne le comporte le nombre de places indiquées.

Par exception, les Ingénieurs, Inspecteurs et Contrôleurs du service du Contrôle de l'exploitation des Tramways, munis de la carte d'identité délivrée par Nous, seront toujours admis dans les voitures, même en surnombre.

Police des voitures. — Mesures d'hygiène et de sécurité.

Art. 141. — Les receveurs maintiendront l'ordre dans leurs voitures, et veilleront à ce que les voyageurs se placent de manière à ne pas se gêner mutuellement.

Il leur est défendu :

1º De laisser monter dans les voitures, soit à l'intérieur, soit sur les plates-formes ou à l'impériale, des individus en état d'ivresse, vêtus d'une manière malpropre ou incommode, ou porteurs de paquets qui, par leur nature, leur volume ou leur odeur, pourraient salir, gêner ou incommoder les voyageurs ;

2º De laisser fumer à l'intérieur ou cracher sur les parquets ;

3º De recevoir des chiens dans le voitures ou de les laisser tenir en laisse de la plate-forme ;

4º De laisser aucune personne séjourner sur les marchepieds d'accès.

E. — **Surveillance et police de la voie ferrée**.

Agents assermentés.

Art. 142. — Les contrôleurs, receveurs, cochers et inspecteurs au service des Compagnies de tramways pourront être agréés par Nous en qualité d'agents assermentes ; ils pourront, dans ce cas, constater à l'égard des contrevenants les infractions en matière de tramways.

F. — **Dispositions spéciales de police et de sécurité.**

Art. 143. — Il est défendu à toute personne étrangère au service de la voie ferrée :

1º De déranger, altérer ou modifier, sous quelque prétexte que ce soit, la voie ferrée et les ouvrages qui en dépendent ;

2º De stationner sur la voie de fer ou d'y faire stationner des voitures ;

3º D'y laisser séjourner des chevaux, bestiaux ou animaux d'aucune sorte ;

4º D'y jeter ou déposer aucuns matériaux, ni objets quelconques ;

5º D'emprunter les rails de la voie ferrée pour la circulation des voitures étrangères au service.

Art. 144. — Il est défendu à toute personne :

1º De se pencher en dehors des voitures et de stationner debout sur les impériales pendant la marche ;

2º De fumer à l'intérieur des voitures et de cracher sur les parquets ;

3º De se suspendre aux voitures ou de se tenir sur les marchepieds d'accès ;

4º De tenir des chiens en laisse de la plate-forme.

L'entrée des voitures est interdite :

1° A tout individu en état d'ivresse ;

2° A tous individus vêtus d'une manière malpropre, ou porteurs de paquets qui, par leur nature, leur volume ou leur odeur, pourraient salir, gêner ou incommoder les voyageurs.

Aucun chien ne sera admis dans les voitures de tramways à traction animée servant au transport des voyageurs.

CHAPITRE II

Tramways à traction mécanique.

Art. 145. — L'exploitation des lignes de tramways à traction mécanique est assujettie aux conditions suivantes, pour les sections comprises dans le Ressort de la Préfecture de Police :

§ 1er.

Voie et matériel.

Entretien de la voie et du matériel.

Art. 146. — Même rédaction qu'à l'article 87.

Sécurité de la circulation.

Art. 147. — Même rédaction qu'à l'article 88.

Signaux. — Eclairage des travaux.

Art. 148. — Même rédaction qu'à l'article 89.

Interruption du service. — Transbordement.

Art. 149. — Même rédaction qu'à l'article 90.

Matériel roulant. — Gabarit.

Art. 150. — Mêmes prescriptions qu'à l'article 91.

Dimensions du matériel roulant.

Art. 151. — La largeur des locomotives et des caisses des véhicules ainsi que de leur chargement ne peut excéder ni deux fois et demie la largeur de la voie, ni la cote maximum de deux mètres quatre-vingts centimètres ($2^m,80$), et la largeur extrême occupée par le matériel roulant, y compris toutes saillies, notamment celle des lanternes et des marchepieds latéraux ne peut dépasser la largeur des caisses augmentée de trente centimètres ($0^m,30$).

La hauteur du matériel roulant et de son chargement ne peut, sauf autorisation spéciale, excéder quatre mètres soixante-dix centimètres ($4^m,70$) pour la voie de un mètre quarante-quatre centimètres.

Le matériel roulant sera construit de telle sorte qu'il reste un intervalle libre d'au moins cinquante centimètres dans l'entre-voie entre les parties les plus saillantes de deux véhicules qui se croisent dans les parties à deux ou plusieurs voies.

Freins.

Art. 152. — Les moyens de freinage des machines, remorqueuses, automobiles et tenders devront être assez puissants pour que, lancés avec une vitesse de vingt kilomètres à l'heure sur des rails secs et propres, et sur une voie en pente de deux centimètres par mètre, avec une vitesse de vingt kilomètres à l'heure, les machines remorqueuses et automobiles puissent être arrêtées sur un espace de vingt mètres au plus, à partir du moment où le serrage est ordonné.

Tout véhicule en service sur un tramway à traction mécanique (machine, tender, voiture, fourgon, wagon, etc.), sera pourvu de deux systèmes de freinage distincts, ou de deux systèmes de commande des freins indépendants l'un de l'autre, agissant sur tous les essieux du véhicule. Les freins des véhicules autres que des machines, remorqueuses ou automobiles, devront être assez puissants pour que, en joignant leur action à celle des moyens de freinage de la machine ou automobile, les trains lancés avec une vitesse de vingt-kilomètres à l'heure, sur des rails secs et propres, et sur une pente de deux centimètres par mètre, puissent être arrêtés sur un espace de vingt mètres au plus à partir du moment où le serrage est ordonné.

Chaque système de freinage sera disposé de manière à pouvoir être actionné rapidement par n'importe lequel des agents préposés à la conduite ou à la surveillance du véhicule (mécanicien, aide, chef de train, receveur, garde-frein, etc.), au moyen de commandes placées à la portée de chacun de ces agents.

L'un de ces systèmes sera d'un type dit « continu » permettant au mécanicien ou à son aide, ainsi qu'à chacun des agents d'un train, d'agir instantanément sur tous les essieux de ce train.

Le frein continu devra être modérable et exempt de tout danger de raté, quelle que soit la température.

Sur tous les trains circulant sur des lignes présentant des déclivités supérieures à vingt-cinq millimètres par mètre, le frein continu sera en outre disposé de manière à agir automatiquement, en cas de rupture d'attelage, pour produire immédiatement et maintenir l'arrêt des véhicules remorqués.

Les freins seront toujours maintenus en parfait état. Ils seront constamment disposés de manière à pouvoir être actionnés instantanément à un moment quelconque.

Les machines, remorqueuses ou automobiles, seront pourvues de moyens nécessaires pour maintenir le frottement sur les rails, quel que soit l'état de ces derniers, à une valeur suffisamment élevée pour que les conditions d'arrêts exigées par le présent article soient remplies en toutes circonstances, même en cas de dérive. Des commandes de ces moyens spéciaux devront d'ailleurs être disposées à portée de chacun des agents préposés à la conduite ou à la surveillance de la machine, remorqueuse ou automobile.

Chasse-corps.   •

Art. 153. — Tous les véhicules en service seront pourvus de chasse-corps reconnus efficaces.

Permis de circulation. — Laissez-passer. — Permis de stationnement.

Art. 154. — Mêmes prescriptions qu'à l'article 102.

Nombre de véhicules en service. — Transfert d'une ligne à l'autre des numéros de police.

Art. 155. — Le nombre des machines, remorqueuses ou automobiles, on des voitures d'attelage, ne pourra être augmenté ni réduit sans notre autorisation.

Machines et voitures de secours ou de réserve. — Voitures d'agrès. — Secours en cas d'accidents.

Art. 156. — Dans chaque dépôt, une machine ou une voiture dite de secours ou de réserve, pourvue de l'autorisation réglementaire, sera toujours entretenue en tel état qu'elle soit toujours prête à partir pour remplacer immédiatement une des machines ou voiture en service qui se trouverait momentanément hors d'état de circuler.

En outre, une voiture chargée de tous les agrès et outils nécessaires sera toujours prête à partir en cas d'accident.

Chaque train sera muni des outils les plus indispensables.

Dans les bureaux de station désignés par Nous, sur la proposition du Service du Contrôle, les Compagnies entretiendront des médicaments et les moyens de secours en cas d'accident.

§ 2.

Machines.

1° DISPOSITIONS GÉNÉRALES.

Autorisation.

Art. 157. — Aucune machine, remorqueuse ou automobile, ne peut être mise ou maintenue en circulation sur les lignes de tramways sans une autorisation délivrée par Nous, sur la demande des Compagnies. Cette autorisation peut, à toute époque, être révoquée par Nous, sur la proposition des Ingénieurs du Contrôle des Tramways.

Les Compagnies intéressées seront toujours entendues.

Demande d'autorisation.

Art. 158. — La demande en autorisation prévue à l'article précédent sera établie en double expédition, dont une sur papier timbré.

Elle devra faire connaitre :

1° Les principales dimensions et le poids du véhicule, le poids de ses approvisionnements et la charge maximum par essieu ;

2⁰ La description du système moteur, la spécification des matières productrices de l'énergie et de leurs conditions d'emploi, la définition des organes d'arrêt et d'avertissement ;

3⁰ Les noms et domiciles des constructeurs du véhicule, des appareils moteurs, et des organes d'arrêt ;

4⁰ Les épreuves et vérifications auxquelles ont pu être soumises les différentes parties de cet ensemble ;

5⁰ Le nnméro distinctif du véhicule ;

6⁰ Les lignes auxquelles il sera affecté ;

7⁰ Le lieu du dépôt ou de la remise.

Pour toute machine, remorqueuse ou automobile, dont le type et le système n'auront pas encore été admis dans le Ressort de la Préfecture de Police, ou présenteront des modifications notables par rapport à des types ou à des systèmes antérieurement admis dans le Ressort, la demande sera accompagnée des dessins complets du véhicule, du système moteur, et des appareils d'arrêt.

Examen et réception des appareils.

Art. 159. — Cette demande sera communiquée à l'Ingénieur en chef des Ponts et Chaussées du Département de la Seine, chargé du Contrôle des Tramways.

Ce chef de service visitera ou fera visiter le véhicule aux fins de s'assurer, notamment, s'il satisfait aux conditions de construction ci-après indiquées, et si son emploi n'offre aucune cause particulière de danger.

Il procédera ou fera procéder à une ou plusieurs expériences pour apprécier le fonctionnement du moteur, et vérifier directement l'efficacité des appareils d'arrêt.

L'Ingénieur en chef du Contrôle devra s'assurer que les véhicules sont disposés de telle sorte que leur circulation sur les voies qu'ils sont appelés à suivre ne puisse pas devenir une cause de danger pour la circulation en général, ni de détérioration pour les ouvrages dépendant des dites voies, ou pour les voies elles-mêmes.

Conditons d'autorisation.

Art. 160. — L'autorisation déterminera les conditions particulières auxquelles les Compagnies seront soumises, sans préjudice de l'obligation de se conformer aux réglements d'administration publique, aux prescriptions de la présente ordonnance qui leur sont applicables, et à tous les autres règle- intervenus ou à intervenir.

Livret d'autorisation.

Art. 161. — L'autorisation sera délivrée sur un livret spécial contenant, par extrait, le texte de la présente ordonnance.

Transfert. — Modifications.

Art. 162. — En cas de transfert d'une machine d'une Compagnie à l'autre, d'inexécution des épreuves ou vérifications prescrites par les réglements, ou de changements relatifs aux énonciations de l'autorisation, cette dernière est caduque de plein droit, et le véhicule ne peut être maintenu en service sans nouvelle autorisation.

Construction.

Art. 163. — Les machines, remorqueuses ou automobiles, de tous systèmesde traction mécanique, seront construites suivant les règles de l'art ; elles ne devront, selon l'espèce, donner aucune mauvaise odeur ou répandre sur la voie publique ni flammèches, ni escarbilles, ni cendre, ni fumée, ni eau, ni huile ou graisse ni aucun produit pouvant causer une explosion.

Les chaudières, les réservoirs, tuyaux et pièces quelconques destinés à renfermer des produits explosibles ou inflammables, seront construits et entretenus de manière à offrir, à toute époque, une étanchéité absolue.

Il ne pourra être fait usage d'aucun appareil dans lequel une fuite suffirait à créer un danger imminent d'explosion.

Chaque machine, remorqueuse ou automobile, portera à l'extérieur d'une manière très apparente :

1º A l'avant et à l'arrière, un numéro d'ordre et l'indication du point extrême vers lequel se dirige le train ;

2º De chaque côté, l'indication des points de départ et l'arrivée de la ligne ainsi que celle des localités ou points principaux desservis, enfin le nom ou les initiales de la Compagnie.

Chaque machine devra porter un numéro de police.

Pour les machines à vapeur, le numéro d'ordre sera répété sur une médaille spéciale voisine de la médaille du timbre du générateur.

Les types des machines, remorqueuses ou automobiles, leur poids ou leur maximum de charge par essieu, le rayon minimum des courbes dans lesquelles ces voitures devront pouvoir circuler facilement, seront approuvés par Nous, sur l'avis des Ingénieurs du Contrôle, eu égard aux besoins de l'exploitation ou de la circulation, et à la nature ainsi qu'à l'état de la voie.

Installation des dispositifs de sécurité.

Art. 164. — Tous les organes nécessaires au bon fonctionnement pour la marche et pour l'arrêt de la machine, l'avertisseur ainsi que le tube indicateur en verre du niveau de l'eau des machines à vapeur, seront disposés de façon que le mécanicien, le chauffeur ou l'aide-mécanicien puisse les manœuvrer ou les consulter facilement sans cesser de surveiller en avant de la machine.

Rien ne masquera la vue du mécanicien vers l'avant, et les appareils à consulter seront éclairés pendant la nuit.

Mode de fonctionnement.

Art. 165. — Le fonctionnement des appareils à moteur mécanique doit être de nature à ne pas incommoder les riverains ou les piétons, et à ne pas effrayer les chevaux, soit par les vapeurs ou fumées émises, soit par les bruits produits, soit par toute autre cause.

Entretien. — Visites périodiques.

ART. 166. — Les appareils à vapeur, chaudières, véhicules à moteur mécanique et leurs organes, les différents appareils de sûreté, les chasse-corps, les freins et leur système de commande, ainsi que les essieux, seront constamment entretenus en bon état de service.

A cet effet, les Compagnies devront faire procéder, à des intervalles rapprochés et par des personnes compétentes, à des visites complètes, tant intérieures qu'extérieures, et les réparations nécessaires seront exécutées conformément aux règles de l'art.

Les mentions de visites seront signées par la personne qui y aura procédé.

Ces visites et ces réparations seront inscrites, en détail, sur les registres, dossiers ou fiches spécifiées à l'article 167.

État de service des machines ou automobiles et des essieux.

ART. 167. — Il sera tenu, qour chaque machine, remorqueuse ou automobile, un dossier spécial rendant compte de ses états de service.

Ce dossier se camposera de fiches qui devront être tenues constamment à jour, et indiquer, à l'article de chaque machine, remorqueuse ou automobile, la date de la mise en service de la machine, le travail qu'elle a accompli, les réparations et modifications qu'elle a reçues, les renouvellements de ses diverses pièces ou organes, les numéros d'ordre, lettres, marques ou timbres caractéristiques des organes importants en service sur le véhicule (réservoirs, bouillottes, moteurs, chaudières, batteries d'accumulateurs, essieux, etc.) lorsque ces organes seront susceptibles de passer d'un véhicule sur un autre, enfin les avaries subies par la machine remorqueuse ou automobile, et les causes qui l'ont fait retirer de la circulation.

Il sera tenu, en outre, pour les essieux des machines ou automobiles, ainsi que pour les organes importants susceptibles de passer d'une machine ou automobile sur une autre, des fiches ou des régistres spéciaux sur lesquels, à côté du numéro d'ordre, de la lettre, de la marque ou du timbre caractéristique de l'essieu ou de l'organe, seront inscrits sa provenance, la date de sa mise en service, l'épreuve qu'il peut avoir subie, son travail, les numéros d'ordre des divers véhicules auxquels il aura été affecté successivement, ses accidents, ses réparations, et les visites prescrites par l'article 166 dont il aura été l'objet ; à cet effet, le numéro d'ordre, la lettre, la marque ou le timbre seront poinçonnés sur l'essieu ou l'organe.

Les registres, dossiers et fiches mentionnées aux paragraphes ci-dessus seront représentés, à toute réquisition, à l'Administration, ainsi qu'aux Ingénieurs et fonctionnaires chargés de la surveillance et du Contrôle de l'exploitation des Tramways.

Conduite des véhicules.

ART. 168. — Les machines, remorqueuses ou automobiles, devront être desservies par un nombre d'agents suffisant pour la manœuvre des divers appareils, et notamment des freins.

Ce nombre sera déterminé par Nous pour chaque type de machines, remorqueuses ou automobiles, en tenant compte des dispositions spéciales qu'il présente.

Lorsque la conduite d'une machine, d'une remorqueuse ou d'une automobile, sera normalement confiée à un mécanicien sans chauffeur ou aide spécial, le véhicule ne pourra en aucun cas circuler seul sur la voie publique, même en manœuvre, sans être monté par un second agent capable de produire l'arrêt en cas d'accident mettant le mécanicien hors d'état de conduire.

2° Dispositions spéciales pour les machines a vapeur et a foyer

Construction.

Art. 169. — Les appareils à vapeur affectés au service des tramways seront construits conformément aux règles de l'art ; ils devrontsa tisfaire aux prescriptions des articles 7, 8, 9, 11 et 15 de l'ordonnance réglementaire de 15 novembre 1846, et, pour ce qui concerne spécialement leur générateur, aux dispositions du décret du 30 avril 1880.

Appareils d'alimentation. — Soupapes.

Art. 170. — Les générateurs de vapeur seront pourvus de deux appareils d'alimentation dont un, au moins, indépendant de la machine, et toujours approvisionnés d'une quantité d'eau suffisante.

Les soupapes de sûreté, chargées par des ressorts, devront être munies de bagues d'arrêts, empêchant de tendre ces ressorts au-delà de la limite correspondant à la pression du timbre.

Mode de chauffage.

Art. 171. — Les machines à vapeur seront exclusivement chauffées avec du coke ne dégageant pas d'émanations nuisibles.

Approvisionnement. — Nettoyage des grilles.

Art. 172. — Tout arrêt est interdit dans le parcours pour prendre de l'eau ou du combustible.

Le nettoyage des grilles ne pourra jamais être effectué sur la voie publique.

Toutes les précautions seront prises aux terminus pour que l'approvisionnement d'eau et de combustible, et le nettoyage des grilles, soient faits sans salir aucunement la voie publique.

3° Dispositions spéciales pour les machines a eau surchauffée.

Construction.

Art. 173. — Elles devront satisfaire, pour leur générateur, aux dispositions de l'article 33 du décret du 30 avril 1880.

Timbre.

Art. 174. — Les récipients d'eau surchauffée seront timbrées conformément aux prescriptions du même décret.

4° Dispositions pour les machines a air comprimé.

Epreuves.

Art. 175. — Les réservoirs d'air comprimés seront soumis à des épreuves hydrauliques effectuées avec un tiers de suppression, le taux au-dessus du timbre ne pouvant dépasser 10 kilogrammes.

Ces réservoirs ne pourront présenter, même à la première épreuve, aucun suintement ailleurs qu'aux assemblages, ni aucune déformation permanente appréciable.

Ces épreuves seront constatées par un représentant du Service du Contrôle des Tramways.

Elles seront renouvelées tous les cinq ans pour les bouillotes ou réservoirs contenant, outre l'air comprimé, de l'eau chaude ou de la vapeur d'eau, et tous les dix ans, pour les réservoirs ne contenant que de l'air comprimé.

5° Dispositions spéciales pour les automobiles

Construction.

Art. 176. — Les automobiles devront être construites conformément aux prescriptions générales applicables aux machines de toute espèce et aux dispositions spéciales prévues pour les machines de même genre. Elles présenteront, à toute époque de leur service, toutes les conditions de sécurité, de commodité et de propreté désirables.

Les automobiles à foyer ou à réservoirs d'eau chaude devront avoir, entre le foyer, la chaudière ou les réservoirs d'eau chaude, d'une part, et les places de voyageurs, d'autre part, des espaces qui renfermeront, soit de l'air en communication constante et largement assurée avec l'atmosphère, soit des matières calorifuges ; — les dimensions de ces espaces seront suffisantes pour éviter toute transmission de la chaleur des divers éléments de la machine aux places occupées par les voyageurs.

La fermeture des caisses d'accumulateurs électriques qui pourraient être installées sous les banquettes sera absolument hermétique, de manière à éviter toute projection de liquides corrosifs hors des caisses, ainsi que tout dégagement de gaz ou d'odeurs susceptibles d'incommoder les voyageurs.

L'automobile sera disposée de façon à permettre au receveur, en cas de besoin, de se rendre facilement à la plate-forme avant, ou tout au moins de manœuvrer, de l'intérieur de la caisse de l'automobile, les organes mis à la disposition du mécanicien pour conduire ou arrêter.

Dans tous les cas, des dispositifs spéciaux seront installés à portée immédiate de la place habituelle qu'occupera le receveur, donnant à celui-ci le moyen d'arrêter l'automobile, même en dérive, sans le secours du mécanicien ou des appareils de ce dernir. Ces dispositifs comprendront, notamment, des commandes directes des freins, sablières, cales, patins, etc.., et, s'il y a lieu, selon le type de l'automobile, un interrupteur destiné à faire cesser l'arrivée, soit de la vapeur sur les cylindres, soit du courant électrique sur les moteurs.

Conduite.

ART. 177. — Chaque automobile sera conduite, selon l'espèce, par un mécanicien ou par un électricien agréé par Nous, sur la proposition de l'Ingénieur en chef du Contrôle des Tramways.

Elle sera placée, en outre, sous la surveillance d'un receveur, porteur d'une commission spéciale, délivrée par Nous, constatant qu'après examen subi devant un représentant du Service du Contrôle, il a été reconnu capable de produire l'arrêt et de prendre, en cas de nécessité, toutes les précautions utiles en vue de prévenir toutes les explosions ou autres accidents.

Les receveurs commissionnés en exécution du paragraphe qui précède seront astreins périodiquement, par les soins des Compagnies intéressées, et sous la surveillance du Service du Contrôle, à des exercices spéciaux leur permettant de conserver l'habitude des manœuvres qui peuvent leur incomber.

§ 3.

Voitures à voyageurs.

Construction.

ART. 178. — Il est interdit de mettre ou de maintenir en circulation des voitures d'attelage ou des automobiles dont les caisses ne réuniraient pas toutes les conditions de sûreté, de commodité et de propreté désirables.

Les voitures d'attelage et les caisses des automobiles seront construites sur un modèle approuvé par Nous. Elles devront satisfaire aux prescriptions des articles 8, 9, 12, 13, 14 et 15 de l'ordonnance réglementaire du 15 novembre 1846.

Elles seront suspendues sur ressorts, et pourront être à deux étages lorsque la largeur de la voie ne sera pas inférieure à 1 mètre.

L'étage inférieur sera complètement couvert, garni de banquettes avec dossiers, fermé à glaces, au moins pendant l'hiver, muni de rideaux, et éclairé pendant la nuit ; l'étage supérieur sera garni de banquettes avec dossiers ; on y accédera au moyen d'escaliers qui seront munis, ainsi que les couloirs latéraux donnant accès aux places, de garde-corps solides d'au moins 1 m. 10 c. de hauteur effective.

Les dossiers et les banquettes seront inclinés, et les dossiers seront à la hauteur des épaules des voyageurs.

Il pourra y avoir des places de plusieurs classes ; la disposition de chaque classe sera conforme à nos prescriptions. Les accès des voitures devront être pourvus de modes de fermeture faciles à manœuvrer, permettant de clore les accès pendant la marche.

Ces voitures seront munies des estampilles de la Préfecture de Police, des Contributions Indirectes, et, s'il y a lieu, de la Préfecture de la Seine.

Couverture des Impériales.

ART. 179. — Les impériales des voitures et des automobiles seront couvertes et protégées, à l'avant et à l'arrière, par des cloisons en tôle ou en bois.

Eclairage.

Art. 180. — Les automobiles et les voitures d'attelage seront pourvues d'appareils d'éclairage disposés de telle sorte que l'intérieur et l'impériale des véhicules soient convenablement éclairés.

Chauffage des voitures et des automobiles.

Art. 181. — Les charbons ou briquettes ne pourront être utilisés comme mode de chauffage des voitures ou des automobiles que si les appareils destinés à les contenir sont disposés de telle sorte que les gaz de la combustion se dégagent directement à l'extérieur.

Signal d'alarme.

Art. 182. — Toutes les voitures, toutes les automobiles seront munies d'un appareil spécial destiné à permettre au conducteur chef de train, ainsi qu'au receveur et aux voyageurs de toute voiture d'un train, de donner directement au mécanicien le signal d'arrêt.

Cet appareil ne pourra être employé par les voyageurs qu'en cas d'accident ou de danger.

Signal « COMPLET ».

Art. 183. — A l'arrière et à l'avant des automobiles des et voitures s'arrêtant à la volonté des voyageurs, on installera un appareil dit « COMPLET » qui devra être éclairé pendant la nuit.

Girouette ou pavillon mobile. — Inscriptions à l'intérieur et à l'extérieur des voitures.

Art. 184. — Mêmes prescriptions qu'à l'article 98.

Numérotage.

Art. 185. — Les voitures d'attelage et les caisses des automobiles seront numérotées.

Le mode de ce numérotage, et toutes les opérations qui y sont relatives, sont fixés par les arrêtés spéciaux.

Les numéros seront constamment maintenus en bon état ; ils seront toujours parfaitement visibles.

Annonces.

Art. 186. — Même rédaction qu'à l'article 104.

Indication du numéro, du nombre et du prix des places de la voiture, du genre de classe et du tarif du transport des bagages.

Art. 187. — Mêmes prescriptions qu'à l'article 99.

§ 4.

Wagons et fourgons.

Construction.

Art. 188. — Les wagons ou fourgons destinés au transport des marchandises, des chevaux ou des bestiaux, les plates-formes, et en général toutes les parties du matériel roulant, seront de bonne et solide construction, et satisferont aux prescriptions des articles 8, 9 et 15 de l'ordonnance réglementaire du 16 novembre 1846 (1).

§ 5.

Service des trains.

Vitesse.

Art. 189. — La vitesse des automobiles ou des trains de tramways sera fixée par Nous. Elle ne devra, dans aucun cas, excéder vingt-cinq kilomètres à l'heure dans les parties sur route hors traverses, et seize kilomètres dans les traverses.

Elle sera réduite à huit kilomètres à l'heure :

1° A la descente des rampes dont la déclivité dépasse $0^m,04$ par mètre ;

2° A la traversée des croisements et au passage des bifurcations des lignes de tramways ;

3° Au passage des aiguilles prises en pointe ;

4° A la traversée des stations, haltes ou points d'arrêts fixes franchis sans arrêt ;

5° Aux débouchés des voies publiques très fréquentées, aux passages de points réputés dangereux, dans les courbes de rayons inférieurs à 20 mètres ainsi que dans tous les points où des ralentissements seront prescrits par des arrêtés spéciaux, les Compagnies entendues.

La vitesse sera ramenée à 6 kilomètres à l'heure pour la traversée des portes de Paris, soit à l'entrée, soit à la sortie, après l'arrêt qui aura lieu précédemment pour permettre aux employés d'octroi de visiter les voitures.

La vitesse des trains de marchandises circulant sur les lignes de tramways, pendant la nuit, ne pourra excéder, dans Paris, vingt kilomètres à l'heure.

Traversée des croisements et bifurcations des lignes de tramways.

Art. 190. — Avant de traverser un croisement ou de passer sur une bifurcation de lignes de tramways, toute automobile ou train devra effectuer un arrêt complet, et ne reprendre sa marche que lorsque le mécanicien se sera assuré qu'il ne risque pas de collision avec un train ou une voiture de la ligne à croiser ou à emprunter.

Lorsque des trains ou voitures de lignes différentes se présenteront simul-

(1) Cette ordonnance a été modifiée par le décret du 1er mars 1901 (voir la page 93).

tanément pour franchir un croisement ou une bifurcation, l'ordre de passage sur le point commun de parcours se règlera comme il suit :

Les trains ou voitures en service auront le pas sur les trains ou voitures effectuant des essais ou circulant en haut le pied ;

Les trains ou voitures à traction mécanique auront le pas sur les voitures à traction animée ;

Les trains ou voitures circulant sur des lignes descendant en pente de plus de quinze millimètres par mètre sur le croisement ou la bifurcation, auront le pas sur les trains ou voitures de toutes les lignes aboutissant au point de parcours commun avec des déclivités moindres.

Lorsque l'ordre de passage ne pourra être déterminé d'après l'une des règles précédentes, et, sauf exception que motiveront des prescriptions spéciales arrêtées par Nous, les Compagnies intéressées entendues, la priorité de passage appartiendra, savoir :

Sur les bifurcations de lignes exploitées par des Compagnies différentes, aux voitures et trains de la ligne ou des lignes de la Compagnie qui a la concession de la branche commune à la suite de la bifurcation ;

Dans les autres cas, aux trains ou voitures des branches aboutissant au croisement ou à la bifurcation, dans l'ordre décroissant des fréquentations respectives de ces branches, la fréquentation d'une branche se mesurant d'ailleurs par le nombre total des courses journalières effectuées pour l'ensemble des services qui empruntent cette branche.

Les Compagnies auront à régler, d'après les bases qui précèdent, des ordres de service qui devront nous être soumis.

Rencontre de troupes en marche.

Art. 191. — Les trains qui rencontreront, en dehors de la ville de Paris, une troupe en marche, perpendiculairement ou en écharpe, seront tenus de ralentir leur vitesse, et au besoin de suspendre leur marche pendant un temps variable dans chaque cas particulier, ce temps ne devant pas toutefois excéder cinq minutes.

Lorsque le train et la troupe suivront des directions parallèles, le train devra marquer l'arrêt avant d'atteindre la tête ou la queue de la colonne, suivant le sens de la marche, de manière à permettre au chef de la colonne de prendre les dispositions nécessaires pour éviter tout accident. L'arrêt ne devra pas excéder cinq minutes.

Le train, remis en marche, n'aura à ralentir pendant le passage de la troupe que si des circonstances exceptionnelles l'exigeaient.

Feux des trains et des voitures isolées.

Art. 192. — Toute voiture isolée ou tout train portera extérieurement un feu blanc à l'avant et un feu rouge à l'arrière.

En outre de ces deux feux, les machines devront être pourvues d'appareils réflecteurs qui seront disposés de manière à éclairer la voie en avant dans un champ suffisamment étendu pour permettre au mécanicien d'arrêter à temps en cas d'obstacle.

Les feux devront être allumés dès la chute du jour jusqu'à la cessation de l'exploitation, et de la reprise de l'exploitation jusqu'au lever du jour.

Ils devront également être allumés en cas de brouillard ou d'obscurité accidentelle ne permettant pas de découvrir la voie en avant du train sur une longueur de plus de 50 mètres.

Des feux indicateurs de service ou de parcours pourront être disposés à l'extérieur des trains ou des voitures, indépendamment des feux ou appareils d'éclairage prescrits par le présent article, mais, en aucun cas, la couleur d'un feu visible de l'avant ne devra être rouge ou se rapprocher du rouge.

Remoquarge des trains.

ART. 193. — Les machines seront placées en tête des trains, et tournées de manière que les mécaniciens chargés de la conduite se tiennent à l'avant. Il ne pourra être dérogé à cette disposition que pour les manœuvres à exécuter aux stations, ou pour le cas de secours. Dans ces cas spéciaux, la vitesse ne devra pas dépasser celle de l'homme au pas ; le train ou l'automobile sera précédé par un homme marchant à une dizaine de mètres en avant de la queue du train ou de l'automobile, mais en dehors des voies ; cet employé sera muni d'un fanion rouge le jour ou d'une lanterne à feu rouge la nuit, de manière à pouvoir donner au mécanicien, en vue duquel il se tiendra, le signal d'arrêter si un obstacle se présente.

En outre, toutes les fois qu'un train composé de deux véhicules au moins devra refouler, ainsi que dans les cas où Nous jugerons nécessaire de le prescrire pour des manœuvres de refoulement de machines ou d'automobiles isolées, un agent, placé à l'arrière du dernier véhicule du train, et sur ce véhicule, sera chargé de surveiller tout spécialement la partie de la voie vers laquelle le train refoulera, et de faire au mécanicien, à l'aide de l'appareil de communication prescrit par l'article 182, les signaux de mise en marche ou d'arrêt nécessaires.

Les mesures prescrites par le présent article devront être appliquées également toutes les fois qu'une machine, une automobile ou un train, devra faire marche arrière accidentellement en cours de route ; dans ces cas toutefois, l'agent marchant en avant de la queue du train pourra, à défaut de drapeau ou de lanterne de signal, n'être muni que d'une trompe, d'un cornet, ou d'une cloche, qu'il devra actionner, tant pour assurer le dégagement de la voie, que pour faire les signaux au mécanicien.

Les trains seront remorqués par une seule machine, sauf en cas d'accident.

Il est, dans tous les cas, interdit d'atteler simultanément plus de deux machines à un train ; la machine placée en tête réglera la marche du train, dont la vitesse ne devra jamais dépasser dix kilomètres à l'heure dans le cas d'un double attelage.

Par exception, un train ou une machine en détresse pourra être poussé à l'arrière par un autre train ou une autre machine, mais seulement lorsque les machines et véhicules, tant du train secouru que du train de secours, seront tous munis d'un frein continu de même genre, et que les accouplements de ce frein auront été disposés de manière à permettre au mécanicien du train secouru d'agir de sa place normale simultanément et efficacement sur tous les essieux du convoi.

Attaches et chaînes de sûreté.

Art. 194. — Les machines et voitures entrant dans la composition des trains seront liées entre elles par des attaches rigides, avec ressort et chaînes de sûreté.

Arrêts des trains ou des automobiles.

Art. 195. — En exécution des clauses des cahiers de charges, les tramways s'arrêteront en pleine voie pour prendre ou laisser des voyageurs sur tous les points du parcours, ou seulement aux stations et haltes, avec faculté de supprimer l'arrêt à ces dernières, s'il n'y a ni voyageur ni marchandise à prendre ou à laisser.

Les arrêts en pleine voie ne pourront avoir lieu, ni dans les carrefours, ni aux amorces des rues.

Gardiennage des voitures et des freins.

Art. 196. — En outre du personnel nécessaire à la conduite de la machine, chaque train en marche ou en manœuvre sur la voie publique sera accompagné, hors Paris, du nombre de receveurs ou garde-freins qui sera jugé nécessaire ; il y aura, d'ailleurs, sur la dernière voiture, un receveur ou garde-freins qui sera mis en communication avec le mécanicien.

Dans Paris, il y aura sur chaque voiture du train en marche ou en manœuvre sur la voie publique, un receveur ou garde-freins mis en communication avec le mécanicien ; l'un des receveurs ou garde-freins du train aura autorité sur les autres, et sera seul chargé de donner le signal du départ.

Horaires.

Art. 197. — Même rédaction qu'à l'article 108.

§ 6.

Dispositions diverses.

Bureaux.

Art. 198. — Même rédaction qu'à l'article 112.

Registres et plaintes.

Art 199. — Mêmes prescriptions qu'à l'article 115.

Numéros d'ordre pour l'admission dans les voitures.

Art. 200. — Dans les bureaux de départ ou de station, et sauf dispense spéciale, il sera remis par les contrôleurs à chaque voyageur, sur sa demande, un numéro indicatif de l'ordre dans lequel il devra être admis dans les voitures.

Avis relatif à l'usage des correspondances.

Art. 201. — Même rédaction qu'à l'article 109.

Accidents.

Art. 202. — En cas d'accident de personnes, d'accident matériel important, ou d'explosion quelconque, avis en sera immédiatement, et par les voies les plus rapides, envoyé, par les soins des Compagnies ou de leurs agents, à notre Préfecture, à l'Ingénieur en chef, à l'Ingénieur et à l'Inspecteur du Contrôle.

L'appareil avarié, ainsi que ses fragments ou pièces, ne seront déplacés qu'en cas de force majeure ou de concert avec le Commissaire de police, et ne seront pas dénaturés avant la clôture des enquêtes qui pourront être ordonnées.

Les Compagnies ou leurs agents devront aviser immédiatement les Ingénieurs et Inspecteurs du Contrôle :

1° Des changements apportés, soit au service, soit aux horaires, notamment des interruptions partielles ou totales de service, des changements d'itinéraire, des organisations de services en voie unique ou sur des voies provisoires, etc. ;

2° Des retards de trains ou voitures ayant dépassé un quart d'heure, et et des courses supprimées sur tout ou partie du parcours normal ;

3° Des détresses de trains ou de machines causées par des avaries survenues dans une usine de production d'énergie motrice, ainsi que des détresses qui auront nécessité le secours, soit d'une machine de réserve, soit d'un train ou d'une machine en service.

Surveillance et police de la voie ferrée. Agents assermentés.

Art. 203. — Les chefs de station ou contrôleurs, receveurs et inspecteurs au service des Compagnies de tramways pourront être agréés par Nous en qualité d'agents assermentés ; ils pourront, dans ce cas, constater à l'égard des contrevenants les infractions en matière de tramways.

§ 7.

Dispositions spéciales de police et de sécurité.

Art. 204. — Même rédaction qu'à l'article 143.

Art. 205. — Il est défendu à toute personne :

1° D'entrer dans les voitures ou d'en sortir pendant la marche, et autrement que par la portière réservée à cet effet ;

2° De passer d'une voiture dans une autre, de se pencher en dehors et de stationner debout sur les impériales pendant la marche ;

3° De fumer à l'intérieur des voitures et de cracher sur les parquets ;

4° De se suspendre aux voitures, de se tenir sur les marchepieds d'accès ou sur les tampons ;

4° De tenir des chiens en laisse de la plate-forme.

L'entrée des voitures est interdite :

1° A tout individu en état d'ivresse ;

2° A tous individus vêtus d'une manière malpropre, ou porteurs de paquets qui, par leur nature, leur volume ou leur odeur, pourraient salir, gêner ou incommoder les voyageurs.

Aucun chien ne sera admis dans les voitures servant au transport des voyageurs ; toutefois, la Compagnie pourra placer, dans des compartiments spéciaux, les voyageurs qui ne voudraient pas se séparer de leurs chiens, pourvu que ces animaux soient muselés.

ART. 206. — Aucune personne autre que le mécanicien, le chauffeur ou l'électricien, ne pourra monter sur la machine ou la place réservée pour la conduite du véhicule, à mois d'une permission spéciale et écrite du directeur de la Compagnie. Sont exceptés de cette interdiction les fonctionnaires chargés de la surveillance.

ART. 207. — Les Compagnies ne pourront admettre dans les convois qui portent des voyageurs aucune matière offrant des dangers d'explosion ou d'incendie.

ART. 208. — Les personnes qui voudront expédier des marchandises considérées comme pouvant être une cause d'explosion ou d'incendie, d'après la classification des décrets en vigueur, devront en faire la déclaration formelle au moment où elles les livreront au service de la voie ferrée.

Les expéditeurs devront se conformer, en ce qui concerne l'emballage et les marques des colis dangereux, aux prescriptions des décrets précipités.

§ 8.
Des obligations imposées aux Compagnies.

Déclarations de service.

ART. 209. — Les Compagnies de tramways à traction mécanique devront déclarer à la Préfecture de Police, chaque fois qu'il y aura lieu :

1° Le nombre et la situation de leurs dépôts ;

2° Les voitures d'attelage et les machines remorqueuses, ou automobiles, qu'elles voudront mettre en circulation ;

3° Le nombre de places que contiendront, soit à l'intérieur, soit à l'extérieur, les voitures ou les automobiles ;

4° Les emplacements et bureaux d'où partiront les voitures, soit à Paris, soit dans les communes du Ressort de la Préfecture de Police ;

5° Les itinéraires à suivre ;

6° Les localités desservies par leurs voitures ;

7° Le tarif du transport des voyageurs et des bagages ;

8° Les heures de départ et d'arrivée des voitures, ainsi que les intervalles à observer entre ces départs.

Propositions de service.

ART. 210. — Même rédaction qu'à l'article 117.

Personnel employé par les Compagnies.

Art. 211. — Les Compagnies ne pourront employer que des chefs de station ou contrôleurs, receveurs, électriciens, mécaniciens, aides-mécaniciens et chauffeurs pourvus d'une autorisation délivrée par Nous. Avant d'engager l'un de ces agents, elles devront retirer, à la Préfecture de Police, son autorisation.

Lorsque l'un d'eux cessera son service, les Compagnies rapporteront, dans les vingt-quatre heures, son autorisation à la Préfecture de Police.

Il est interdit d'employer un agent auquel l'autorisation aura été retirée.

Registre dinscription du personnel.

Art. 212. — Les Compagnies inscriront sur des registres : les noms, prénoms et domiciles de leurs chefs de station ou contrôleurs, receveurs, mécaniciens, électriciens, chaufleurs ou aides-mécaniciens, ainsi que le numéro de leur inscription à la Préfecture de Police.

Ces registres devront être tenus constamment à jour.

Les Compagnies devront, en outre, prendre les mesures nécessaires pour conserver en note sur des feuilles de service les noms des mécaniciens, électriciens, receveurs, chauffeurs ou aide-mécaniciens auxquels aura été confiée, chaque jour, la conduite ou la surveillance d'une machine ou d'une voiture.

Ces registres et feuilles seront représentés à toute réquisition des agents de l'autorité ou du Contrôle :

1° Au siège social de la Compagnie ;

2° Au Bureau d'attributions, lorsqu'il y aura lieu de procéder à une vérification, sur une injonction émanée de l'Administration.

Les Compagnies devront conserver ces registres et feuilles pendant une année à dater du jour de la dernière inscription.

Dépôts des objets trouvés.

Art. 213. — Même rédaction qu'à l'article 121.

Règlements du service intérieur.

Art. 214. — Même rédaction qu'à l'article 120.

§ 9.

Dispositions relatives aux contrôleurs ou chefs de station, mécaniciens, aides-mécaniciens, chauffeurs et receveurs.

1° — Dispositions suivantes a tous ces employés

Conditions d'admission. — Autorisations.

Art. 215. — Nul ne pourra conduire une machine, une automobile, ou un remorqueur affectés à l'exploitation des tramways, ni exercer la profession de receveur, contrôleur ou chef de station, s'il n'est porteur d'une autorisation délivrée par Nous à cet effet.

Le postulant devra fournir, à l'appui de sa demande, un extrait de son acte de naissance et deux exemplaires de sa photographie (chaque exemplaire devra avoir deux centimètres de largeur sur trois centimètres de hauteur), ainsi qu'un certificat authentique de résidence et lettre une d'acceptation de la Compagnie qui le prend à son service.

Les mécaniciens, aides-mécaniciens, chauffeurs, électriciens devront faire preuve devant l'Ingénieur en chef du Contrôle des Tramways, ou a l'un de ses délégués, qu'ils possèdent l'expérience nécessaire pour l'emploi prompt et sûr des appareils de mise en marche et d'arrêt et pour la direction du véhicule ; qu'ils sont à même de reconnaître si les divers appareils sont en bon état de service, et de prendre toutes les précautions utiles pour prévenir les explosions et autres accidents ; qu'ils sauraient, au besoin, réparer une légère avarie de route.

Autorisation.

Art. 216. — Il sera remis par la Préfecture de Police, à chacun des candidats, une autorisation spéciale.

L'un des exemplaires de la photographie sera annexé à l'autorisation.

Pièces à porter pendant le service, à représenter aux agents de l'autorité ou du Contrôle et à rendre en cas de cessation de service.

Art. 217. — Les contrôleurs ou chefs de station, receveurs, mécaniciens, électriciens, chauffeurs ou aides-mécaniciens devront toujours être porteurs, pendant le service, de l'autorisation personnelle ou de la commission spéciale délivrée par Nous.

Les mécaniciens, électriciens et receveurs auront, en outre, en leur possession, savoir :

Les mécaniciens ou les électriciens :

Le livret d'autorisation de l'appareil qu'ils conduisent ;

Les receveurs ou chefs de trains :

1° Le permis de circulation de la voiture ;
2° Le laissez-passer de l'Administration des Contributions Indirectes.

Les pièces dont il s'agit devront être représentées à toute réquisition des agents de l'autorité, et spécialement des Ingénieurs et Inspecteurs du Contrôle des Tramways.

En cas de cessation de service, les livrets d'autorisation, les permis de circulation et les laissez-passer seront immédiatement remis par les employés aux Compagnies.

Ces employés devront, en outre, avant leur départ, remettre aux entrepreneurs leurs autorisations respectives.

En cas de refus de leur part, les Compagnies devront en faire la déclaration à la Préfecture de Police, dans les vingt-quatre heures.

Défense de fumer.

Art. 218. — Il est interdit aux contrôleurs, aux receveurs et aux mécaniciens, aides-mécaniciens ou chauffeurs de fumer pendant le service.

Impolitesse. — Grossièreté. — Brutalité.

Art. 219. Même rédaction qu'à l'article 127.

Retrait de l'autorisation.

Art. 220. — En cas d'infraction aux règlements, de plaintes graves ou réitérées, ou pour tout autre motif qui intéresserait la sécurité publique, l'autorisation donnée aux agents mentionnés dans l'article précédent sera retirée temporairement ou définitivement.

Pour les mécaniciens et électriciens, le retrait sera prononcé sur l'avis de l'Ingénieur en chef du Contrôle des Tramways.

Les intéressés seront toujours entendus.

2º Disposition commune aux chefs de station ou controleurs, receveurs et agents assermentés

Uniforme.

Art. 221. — Les contrôleurs ou chefs de station et les receveurs attachés au service des tramways à traction mécanique, ainsi que les agents assermentés, porteront un uniforme dont le modèle sera approuvé par Nous.

Il leur est formellement interdit de quitter cet uniforme pendant le service.

3º Dispositions spéciales aux controleurs ou chefs de station

Renseignements à fournir aux voyageurs. — Présentation du registre de plaintes. — Remise de numéros d'ordre.

Art. 222. — Mêmes prescriptions qu'aux articles 130 et 131.

Ils remettront enfin, à chaque voyageur, sur sa demande, un numéro indiquant l'ordre dans lequel il devra être admis dans les voitures.

Défense d'abandonner les bureaux.

Art. 223. — Il est interdit aux contrôleurs, pendant le service, d'abandonner les bureaux dont ils ont la surveillance.

4º Dispositions spéciales aux mécaniciens et électriciens.

Art. 224. — Le mécanicien chargé de la conduite d'une machine à vapeur, d'une automobile, d'un remoqueur ou d'un véhicule à moteur mécanique devra, selon le genre d'appareil qu'il dirige, veiller à ce que toutes les parties de l'appareil moteur, les freins et les divers systèmes de commande des freins, soient en bon état et fonctionnent bien, à ce que les joints et la tuyauterie soient étanches et l'alimentation de la chaudière convenablement assurée, et, enfin, à ce que les prescriptions relatives à la pression de la vapeur soient bien observées.

Il est notamment prescrit aux mécaniciens, aux receveurs et aux garde-freins des trains, de procéder de concert à une vérification spéciale leur permettant de s'assurer de l'état et du fonctionnement des appareils d'arrêt ou de sécurité (freins, sablières, signal d'alarme, etc.) et des divers systèmes de commande de ces appareils, avant de partir, soit d'un terminus, soit de toute station intermédiaire où la composition du train aura été modifiée.

S'il a reconnu au départ, ou en cours de route, des défectuosités quelconque saux appareils qu'il dirige, le mécanicien devra le plus tôt possible en aviser son chef hiérarchique, et les mentionner sur un registre spécial qui sera tenu à cet effet à la disposition des mécaniciens dans chaque dépôt.

Défense d'abandonner les machines, remorqueurs ou automobiles en service.

Art. 225. — Il est interdit à tout mécanicien ou électricien de quitter en cours de route la machine ou automobile dont il a la conduite ou la surveillance.

Aux terminus, stations ou arrêts, ces agents ne doivent en aucun cas s'éloigner de leur machine ou automobile avant d'avoir mis à l'arrêt tous les organes moteurs ou de freinage dont ils disposent, notamment les appareils qui permettent d'interrompre, soit l'admission de vapeur ou d'air comprimé, soit la prise de courant électrique, et sans s'être au préalable fait remplacer pour la surveillance du véhicule par le receveur de la machine ou de l'automobile ou par un agent dûment reconnu capable de produire et de maintenir l'arrêt, et de prendre toutes les précautions utiles pour prévenir les explosions et autres accidents.

Appareil sonore avertisseur. — Usage.

Art. 226. — Pendant le trajet, le mécanicien ou l'électricien devra signaler l'approche du véhicule ou du train, au moyen d'une cloche ou de tout appareil de même nature approuvé par Nous, afin que les piétons, ainsi que les charretiers et les conducteurs de voitures ou d'animaux, puissent se garer en temps utile.

Il donnera spécialement ce signal au croisement de toutes les voies très fréquentées.

Il ne devra, toutefois, en aucun cas, abuser du signal sonore.

Vitesse normale. — Ralentissements et arrêts.

Art. 227. — En marche, les mécaniciens ou électriciens se conformeront aux maxima de vitesse fixés par l'article 189 ; ils devront, d'autre part, réduire la vitesse au-dessous de ces maxima, si les circonstances l'exigent, en tenant compte des facultés d'arrêt dont ils disposent, de l'état des voies, des glissements possibles lors de l'arrêt, et des conditions atmosphériques. Ils devront même arrêter leurs appareils ou leurs trains toutes les fois qu'ils verront, soit des personnes en danger, soit des obstacles sur la voie, ou qu'ils s'apercevront que leur approche, en effrayant les chevaux ou autres animaux, peut occasionner des accidents ou être une cause de désordre.

Ils se conformeront, en outre, aux signaux de ralentissement ou d'arrêt qui leur seront faits par les gardiens et ouvriers de la voie ou les agents de l'autorité. Ils ne devront reprendre la vitesse normale qu'après avoir acquis la certitude qu'ils peuvent le faire sans inconvénient.

Pour obtenir l'arrêt, ils devront se servir couramment du frein continu dont ils disposent ; ils pourront, toutefois, se servir simultanément de tous les moyens d'arrêt mis à leur disposition.

Distance à observer entre les trains ou les voitures.

Art. 228. — Hors Paris, lorsque des trains ou des automobiles en marche tendront à rejoindre un train, une automobile ou une voiture qui les précède, les électriciens ou mécaniciens devront ralentir leur marche afin de conserver un intervalle d'au moins cent mètres entre l'automobile ou la machine qu'ils conduisent et le train ou la voiture qui les précédera.

Dans Paris, l'intervalle sera réduit à cinquante mètres entre les trains ou les voitures en marche, et à dix mètres si le train ou la voiture qui précède est arrêté en station ou en un point d'arrêt ; mais l'allure devra être ramenée à la vitesse du pas pour franchir les quarante mètres précédant cet arrêt provisoire.

Arrêt des voitures et des trains. — Démarrage.

Art. 229. — Les mécaniciens et électriciens de voitures à moteur mécanique s'arrêtant en pleine voie sont tenus d'arrêter, le plus promptement possible, au signal qui leur sera donné par le receveur, par le conducteur chef de train, ou par les voyageurs, toutes les fois qu'il y aura à prendre ou à déposer des voyageurs, ou à l'appel du public, à moins que les voitures ne soient complètes.

Ces temps d'arrêt devront s'effectuer de manière à ne pas gêner la circulation. Ils ne pourront avoir lieu, ni dans les carrefours, ni aux amorces des rues, et ne dureront que le temps strictement nécessaire pour laisser monter ou descendre les voyageurs.

En cours de route ou aux stations, les agents ci-dessus désignés ne devront se remettre en marche que sur le signal des receveurs ou des conducteurs de trains.

Sur les lignes de tramways à points d'arrêt fixes, les mécaniciens et électriciens devront s'arrêter en ces endroits, à moins que ces arrêts ne soient facultatifs et qu'il n'y ait aucun voyageur à prendre ou à déposer.

Ils seront également tenus de s'arrêter le plus promptement possible à tout signal qui leur sera donné au moyen de l'appareil d'alarme prescrit par l'article 182.

Ils ne pourront se remettre en marche que sur le signal du receveur ou du conducteur chef de train.

Dans tous les cas, le démarrage des véhicules devra se faire sans secousse ni recul.

5° Dispositions spéciales aux conducteurs chefs de trains et receveurs

Ordre d'arrêt ou de mise en charge. — Aide aux voyageurs

Art. 230. — Sur les lignes de tramways ne possédant pas de points d'arrêts fixes, les conducteurs chefs de trains ou receveurs seront tenus de faire arrêter leur voiture toutes les fois qu'ils auront à prendre ou à déposer des voyageurs.

Sur les lignes de tramways à points d'arrêt fixes, les conducteurs chefs de trains et les receveurs annonceront les stations, haltes et points d'arrêts rencontrés, à haute et intelligible voix, de façon à être entendus distinctement par les voyageurs de toutes classes, et de manière à avertir en temps utile ces voyageurs de l'approche des points où ils pourront ou devront descendre.

Les conducteurs chefs de trains et les receveurs aideront les voyageurs, et surtout les femmes et les enfants, à monter et à descendre.

Ils ne pourront donner aux mécaniciens le signal de mise en marche que lorsque les voyageurs qui descendront auront quitté le marche pied de la voiture, ou lorsque ceux qui monteront auront pris place.

Surcharge.

Art. 231. — Même rédaction qu'à l'article 140.

Manœuvre du signal « COMPLET ».

Art. 232. — Même rédaction qu'à l'article 139.

Police des voitures. — Mesures d'hygiène et de sécurité.

Art. 233. — Même rédaction qu'à l'article 141, sauf l'addition de l'alinéa ci-après :

Ils tiendront la main à ce que, pendant la marche, les accès des voitures restent constamment clos au moyen des systèmes de fermeture disposés à cet effet.

Délivrance des tickets de correspondance et indications y relatives.

Art. 234. — Même rédaction qu'à l'article 138.

Objets trouvés.

Art. 235. — Pendant le trajet et à chaque terminus, autant que possible avant que les voyageurs se soient éloignés, les receveurs et les conducteurs chefs de trains visiteront l'intérieur et l'impériale de leurs voitures.

Lorsque les objets trouvés n'auront pu être remis sur-le-champ à leurs propriétaires, ils devront être déposés à la Préfecture de Police dans les quarante-huit heures.

Enfin, les contrôleurs déposeront, dans le même délai, les objets oubliés par les voyageurs à l'intérieur des bureaux d'attente ou de correspondance.

6° DISPOSITION COMMUNE AUX RECEVEURS ÉLECTRICIENS ET MÉCANICIENS.

Prêt de véhicules ou de pièces réglementaires.

Art. 236. — Les mécaniciens, électriciens ou receveurs ne pourront confier à qui que ce soit la conduite de leurs voitures ou de leurs machines, ni se dessaisir des diverses pièces indiquées à l'article 217.

§ 10.

Constatation du paiement du prix des places.

Tickets.

Art. 237. — Les Compagnies de tramways à traction mécanique pourront substituera ux cadrans-compteurs, actuellement en usage, des tickets à souches représentant le prix des places.

Art. 238. — Dans ce cas, le paiement par les voyageurs du prix de leur transport sera constaté par la délivrance d'un ticket détaché d'un carnet à souche.

Les voyageurs seront tenus de présenter le ticket qui leur aura été délivré à toute réquisition des agents de la Compagnie.

Les tickets pourront être perforés par lesdits agents de manière à établir la preuve du contrôle.

TABLE DES MATIÈRES

ANNEXES